福建省 VR/AR 行业职业教育指导委员会推荐

中国·福建 VR 产业基地产教融合系列教材

U0325379

101VR 编辑器

主编　谢怀民　章　升　吴继平

北京理工大学出版社

BEIJING INSTITUTE OF TECHNOLOGY PRESS

图书在版编目（CIP）数据

101VR 编辑器/谢怀民，章升，吴继平主编 . —北京：北京理工大学出版社，2021.4
（2021.5 重印）

ISBN 978 - 7 - 5682 - 9019 - 7

Ⅰ . ①1… Ⅱ . ①谢…②章…③吴… Ⅲ . ①计算机仿真 – 应用软件 Ⅳ . ①TP391.9

中国版本图书馆 CIP 数据核字（2020）第 170824 号

出版发行 / 北京理工大学出版社有限责任公司

社　　址 / 北京市海淀区中关村南大街 5 号

邮　　编 / 100081

电　　话 / （010）68914775（总编室）

　　　　　（010）82562903（教材售后服务热线）

　　　　　（010）68948351（其他图书服务热线）

网　　址 / http：//www. bitpress. com. cn

经　　销 / 全国各地新华书店

印　　刷 / 雅迪云印（天津）科技有限公司

开　　本 / 889 毫米 × 1194 毫米　1/16

印　　张 / 9.25

字　　数 / 315 千字

版　　次 / 2021 年 4 月第 1 版　2021 年 5 月第 2 次印刷

定　　价 / 51.00 元

责任编辑 / 王玲玲

文案编辑 / 王玲玲

责任校对 / 周瑞红

责任印制 / 施胜娟

福建省 VR/AR 行业职业教育指导委员会

主　　任：俞　飚　网龙网络公司高级副总裁、福州软件职业技术学院董事长
副 主 任：俞发仁　福州软件职业技术学院常务副院长
秘 书 长：王秋宏　福州软件职业技术学院副院长
副秘书长：陈媛清　福州软件职业技术学院鉴定站副站长
　　　　　林财华　网龙普天教育副总经理
　　　　　欧阳周舟　网龙普天教育运营总监
委　　员：（排名不分先后）
　　　　　胡红玲　福建第二轻工业学校
　　　　　张文峰　北京理工大学出版社
　　　　　刘善清　北京理工大学出版社
　　　　　倪　红　福建船政交通职业学院
　　　　　陈常晖　福建船政交通职业学院
　　　　　许　芹　福建第二轻工业学校
　　　　　刘天星　福建工贸学校
　　　　　胡晓云　福建工业学校
　　　　　黄　河　福建工业学校
　　　　　陈晓峰　福建经济学校
　　　　　戴健斌　福建经济学校
　　　　　吴国立　福建理工学校
　　　　　李肇峰　福建林业职业学院
　　　　　蔡尊煌　福建林业职业学院
　　　　　杨自绍　福建林业职业学院
　　　　　刘必健　福建农业职业技术学院
　　　　　鲍永芳　福建省动漫游戏行业协会秘书长
　　　　　刘贵德　福建省晋江职业中专学校
　　　　　沈庆焉　福建省罗源县高级职业中学
　　　　　杨俊明　福建省莆田职业技术学校
　　　　　陈智敏　福建省莆田职业技术学校
　　　　　杨萍萍　福建省软件行业协会秘书长
　　　　　张平优　福建省三明职业中专学校
　　　　　朱旭彤　福建省三明职业中专学校
　　　　　蔡　毅　福建省网龙普天教育科技有限公司
　　　　　陈　健　福建省网龙普天教育科技有限公司
　　　　　郑志勇　福建水利电力职业技术学院
　　　　　李　锦　福建铁路机电学校
　　　　　刘向晖　福建信息职业技术学院
　　　　　林道贵　福建信息职业技术学院
　　　　　刘建炜　福建幼儿师范高等专科学校
　　　　　李　芳　福州机电工程职业技术学校
　　　　　杨　松　福州旅游职业中专学校
　　　　　胡长生　福州软件职业技术学院
　　　　　陈垚鑫　福州软件职业技术学院
　　　　　方张龙　福州商贸职业中专学校
　　　　　蔡洪亮　福州商贸职业中专学校
　　　　　林文强　福州商贸职业中专学校
　　　　　郑元芳　福州商贸职业中专学校
　　　　　吴梨梨　福州英华职业学院

饶绪黎　福州职业技术学院
江　荔　福州职业技术学院
刘　薇　福州职业技术学院
孙小丹　福州职业技术学院
王　超　集美工业学校
张剑华　集美工业学校
江　涛　建瓯职业中专学校
吴德生　晋江安海职业中专学校
叶子良　晋江华侨职业中专学校
黄炳忠　晋江市晋兴职业中专学校
许　睿　晋江市晋兴职业中专学校
庄碧蓉　黎明职业大学
陈　磊　黎明职业大学
骆方舟　黎明职业大学
张清忠　黎明职业大学
吴云轩　黎明职业大学
范瑜艳　罗源县高级职业中学
谢金达　湄洲湾职业技术学院
李瑞兴　闽江师范高等专科学校
陈淑玲　闽西职业技术学院
胡海锋　闽西职业技术学院
黄斯钦　南安工业学校
陈开宠　南安职业中专学校
鄢勇坚　南平机电职业学校
余　翔　南平市农业学校
苏　锋　宁德职业技术学院
林世平　宁德职业技术学院
蔡建华　莆田华侨职业中专学校
魏美香　泉州纺织服装职业学院
林振忠　泉州工艺美术职业学院
程艳艳　泉州经贸学院
庄刚波　泉州轻工职业学院
李晋源　泉州市泉中职业中专学校
卢照雄　三明市农业学校
练永华　三明医学科技职业学院
曲阜贵　厦门布塔信息技术股份有限公司艺术总监
吴承佳　厦门城市职业学院
黄　臻　厦门城市职业学院
张文胜　厦门工商旅游学校
连元宏　厦门软件学院
黄梅香　厦门信息学校
刘　斯　厦门信息学校
张宝胜　厦门兴才职业技术学院
李敏勇　厦门兴才职业技术学院
黄宜鑫　上杭职业中专学校
黄乘风　神舟数码（中国）有限公司福州分公司总监
曾清强　石狮鹏山工贸学校
杜振乐　石狮鹏山工贸学校
孙玉珍　漳州城市职业学院
蔡少伟　漳州第二职业中专学校
余佩芳　漳州第一职业中专学校
伍乐生　漳州职业技术学院
谢木进　周宁职业中专学校

编 委 会

Preface

前 言

近年来，3D 视觉影像与虚拟现实科技在软硬件层面上都有了很好的发展，开发者能够创造出更加真实、更加吸引人的 3D 场景，这也让广大用户感受到更加令人流连忘返的虚拟现实游戏。

然而，即使如此，要参与虚拟现实项目制作，无论是在美术模型的制作还是在 3D 虚拟现实游戏引擎的开发方面，对于从业者来说都有很高的门槛。3D 仿真美术模型的制作难点不仅仅在于制造者的水平资质，更重要的是，要制作各个题材、不同风格的虚拟现实游戏场景，还需要数量庞大的美术资源。这些需求需要通过大量的美术模型开发人员花费大量精力与时间来完成。而 3D 游戏引擎，譬如较为热门的虚幻 4 或者是 Unity3D，制作门槛就更高。

值得庆幸的是，在 101 创想世界这款虚拟现实编辑器引擎中，开发者不仅能在数量庞大的云端资源库中搜索找到合适的资源，还能通过导入本地资源，进行个性化处理虚拟现实场景，只需配合 101 创想世界中的逻辑轴或者时间轴，通过行为颗粒与条件的搭配排列，就能够轻轻松松地完成虚拟现实故事场景、趣味 VR 小游戏的制作。

学习准备

本书无学习门槛，无论是电脑小白，还是技术学者，都可以在 101 创想世界中创造虚拟现实世界。当然，如果已经掌握了部分编程知识，可能会更加容易操作这款软件。

本书概要

本书意在帮助大家了解如何使用 101 创想世界这款软件，因此只介绍软件中常用的界面与功能。

本书编写基于软件 101 创想世界版本 1080，部分内容与实际软件版本可能略有出入。若有异议，以新版本 101VR＋编辑器官方说明文档为准。

本书主要内容如下。

第 1 章　认识 101 创想世界

介绍软件的背景、获取方式与登录方式。

第 2 章　编辑器界面简介

介绍编辑器各个界面的作用与用法，以及注意事项。

第 3 章　场景编辑基础

介绍编辑场景时，对象的设置与场景的调整。

第 4 章　事件编辑

介绍编辑动态场景时，逻辑轴与时间轴的入门用法。

第 5 章　事件的行为

介绍行为颗粒面板中所有颗粒的用法与注意事项。

第 6 章　事件的条件

介绍逻辑轴编辑中条件颗粒的用途。

第 7 章　事件编辑深入

介绍条件的多重复和判断、开关与变量的用法。

第 8 章和第 9 章使用两个基础案例来帮助了解场景制作的流程与思路。

Contents

目 录

第 6 章　事件的条件

第 7 章　事件编辑深入

第 8 章　案例编辑——《过故人庄》

第 9 章　案例编辑——昆虫花园

第 1 章
认识 101 创想世界

※ 1.1　软件概述

101 创想世界是福建省华渔教育科技有限公司研发的一款能够帮助学生在玩耍的过程中学习的玩具软件，它可以让学生在虚拟的世界中自由进出，体验不同的学习环境，还可以进行探索式的学习。通过学生动手操作，还可以让他们完成不同的任务，这样可以更好地帮助学生掌握所学到的知识。

101 创想世界的强大依托于它庞大的素材库，在这里具有海量的 VR、2D、3D 各种各样的素材，在学习的过程中激发学生的兴趣和想象力。在庞大的资源库里，可以用其中的资源构建场景，通过设计剧情、任务事件、智能 NPC，设定其中游戏的各个规则，设计出属于自己的作品，以掌握其中的知识。

101 之所以可以让学生在玩耍中学习，是由于其强大的能力。它具有强大的编辑能力、简单的编辑过程、丰富且优质的资源类型、建构式的学习模式和多语言国际化。

强大的编辑功能可以提供 3D 模型、声音、动作等资源，还可以进一步对场景地形、角色、天空等进行编辑，以便更好地打造更加高品质的内容。

系统自动含有丰富的世界规则，并支持触发各种事件，可自定义对象的重量、体积等属性。

可以对多种模式的作品进行编辑，例如，剧情观看模式、剧情互动模式等。

101 的编辑过程也非常简单，它会给初学者提供有趣的新手任务和帮助，有丰富的资源进行匹配，学生不需要进行复杂的编辑，就能进行构建；通过一些简单的拖拽和设定，就可以轻松地完成一个作品。即使没有专业知识，也能够完成一个高质量的作品。

101 还提供多种线上作品、资源库的成品，学生能够搜索自己需要的资源，并加载和编辑资源，实现一边携带着庞大的资源库一边进行创作。

101 之所以如此强大，是因为它拥有庞大的资源库和建构式学习模式。在它庞大的资源库里，包含着多种素材资源，其中还有诸如天空、特效、动物、建筑、植物等资源。

庞大的资源库里，拥有着各式各样的美术资源，还能支撑各种不同性能的电脑硬件。

它拥有有趣的学习过程，能够将各个学科的知识转化成游戏形式的 VR 课程包，在此基础上，帮助学生明确学习的目标，体验有趣的学习过程，在学习过程中掌握知识。

101 不止拥有这么多强大的功能，它的语言也是多种多样的，虽然现在只有中英文和日文，但是未来，会有更多语言出现。

※ 1.2　案例应用介绍

101 创想世界把沉浸式技术与教育相融合，为学生打造了一个高度开放、可交互、沉浸式的三维学习环境。让学生在 101VR 沉浸式教室里面，通过 VR 眼镜体验穿越海底、太空的地理课，还可以体验置身细胞中的生物课等，而这些极致的感官的体验在普通的课程中是无法体验到的。

有的知识只能从书本上了解到，要真正理解是非常困难的，VR 编辑器就解决了这一问题，例如地球的自转和公转，当学生戴上 VR 设备，身临其境地在这里体验太空遨游，在其中了解和学习知识时，就会很容易掌握。

※ 1.3　获取、注册与服务

101 创想世界可以在 101 官网进行下载，它拥有两个版本：标准版和企业版。两个版本的功能基本一样，区别在于使用软件时登录的账号权限略有不同，如图 1.1 所示。

①当打开 101 创想世界时，会出现两个标识，标识为 101 的是可以供大部分人登录的途径，只需要输入手机号和密码，便能轻轻松松地注册账号。

②先确定是否是在 101 账号的登录界面，如图 1.2 所示。

③单击"立即注册"按钮，跳转到注册界面，如图 1.3 所示。

④注册界面分为手机注册和邮箱注册两种方式，填写信息进行注册，如图 1.4 所示。

⑤注册后，输入注册账号和密码便能登录，如图 1.5 邮箱注册界面。

⑥在不注册的情况下，单击右上角的"随便看看"，也可以以游客的身份进行创作。但是以游客身份登录时，所创作的作品只会保留到此电脑上；若是以注册的身份登录，可将其保存到账号下。

⑦在使用 101 创想世界时，应该遵守 101 的服务条款。

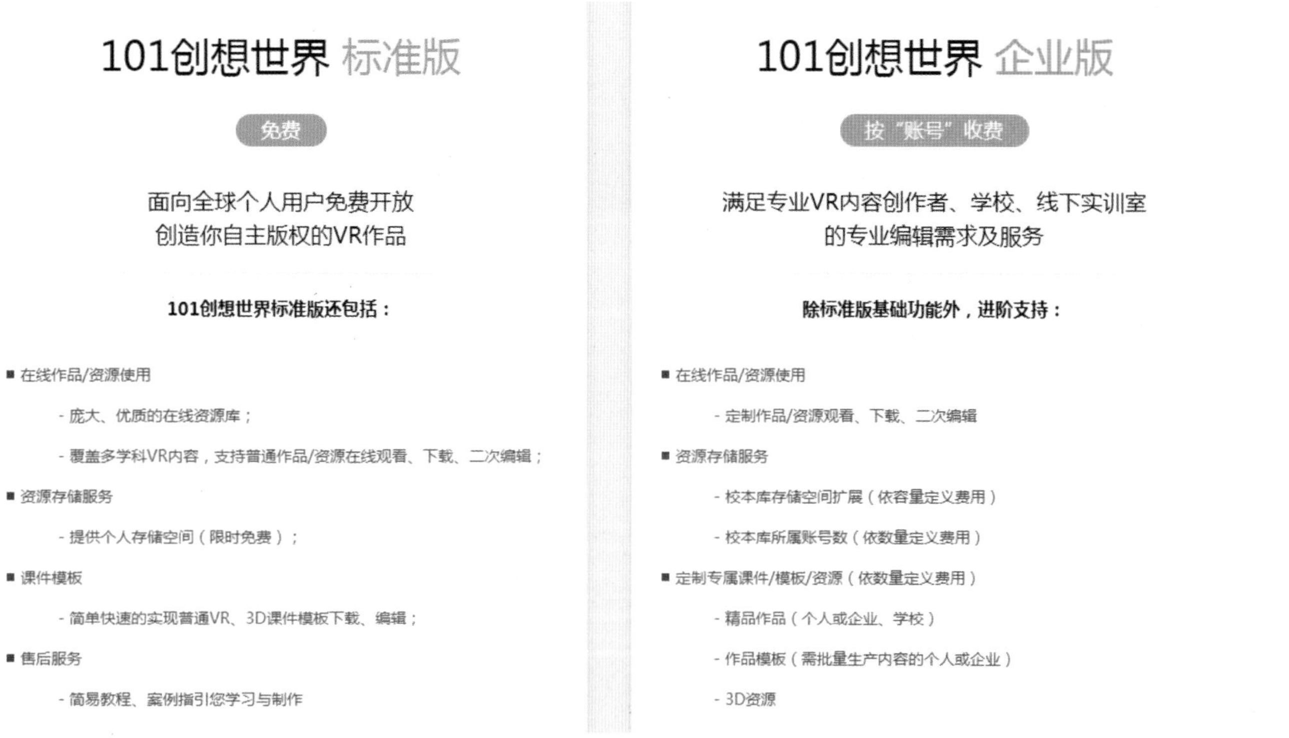
101创想世界 标准版
免费
面向全球个人用户免费开放
创造你自主版权的VR作品
101创想世界标准版还包括：
■ 在线作品/资源使用
- 庞大、优质的在线资源库；
- 覆盖多学科VR内容，支持普通作品/资源在线观看、下载、二次编辑；
■ 资源存储服务
- 提供个人存储空间（限时免费）；
■ 课件模板
- 简单快速的实现普通VR、3D课件模板下载、编辑；
■ 售后服务
- 简易教程、案例指引您学习与制作
101创想世界 企业版
按"账号"收费
满足专业VR内容创作者、学校、线下实训室
的专业编辑需求及服务
除标准版基础功能外，进阶支持：
■ 在线作品/资源使用
- 定制作品/资源观看、下载、二次编辑
■ 资源存储服务
- 校本库存储空间扩展（依容量定义费用）
- 校本库所属账号数（依数量定义费用）
■ 定制专属课件/模板/资源（依数量定义费用）
- 精品作品（个人或企业、学校）
- 作品模板（需批量生产内容的个人或企业）
- 3D资源

图 1.1 101 创想世界

101.com
输入手机号码或邮箱地址
请输入密码
登录
记住密码
忘记密码？
101
立即注册

图 1.2 101 登录界面

101.com
手机注册 邮箱注册
手机区号 中国 +86
手机号码 输入手机号码
验证码 请输入6位验证码
获取验证码
设置密码 请输入6-12位数密码
确认密码 再次输入密码
立即注册
建立账户，即表示本人同意并确认条款
《法律声明及隐私政策》
返回

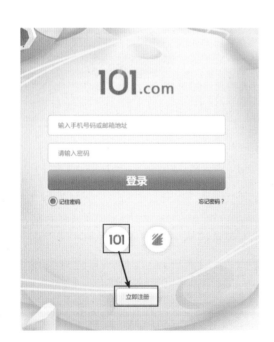

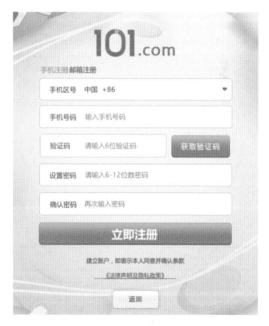

图 1.3 注册界面

图 1.4　手机注册界面　　　　　　　　图 1.5　邮箱注册界面

※ 1.4　注意事项

①101 创想世界编辑器目前只支持 Windows 7 SP1 64 位或以上的系统，Mac 暂不支持使用。现在的 101 创想世界对电脑的配置也有一定的要求，若是只使用其编辑模式，电脑的最低配置显卡为 750Ti，而 VR 模式的最低配置的显卡至少为 970。运行 101 创想世界的电脑配置见表 1.1。

表 1.1　运行 101 创想世界的电脑配置

	编辑模式最低配置：	编辑模式推荐配置：
运行要求	CPU：Intel（R）Core（TM）i5 - 3470 CPU @ 3.20 GHz（4 CPUs），~3.6 GHz 内存：8 GB RAM 显卡：NVIDIA GeForce GTX 750Ti 显存容量：2 048 MB 显存位宽：128 bit 显示器：无需求，推荐 20 寸 网络环境：联网	CPU：Intel（R）Core（TM）i5 - 3470 CPU @ 3.20 GHz（4 CPUs），~3.6 GHz 内存：8 GB RAM 显卡：NVIDIA GeForce GTX 960 显存容量：2 048 MB 显存位宽：128 bit 显示器：无需求，推荐 24 寸 网络环境：联网

续表

	VR 模式最低配置：	VR 模式推荐配置：
运行要求	CPU：Intel（R）Core（TM）i5 - 3470 CPU @ 3.20 GHz（4 CPUs），~3.6 GHz 内存：8 GB RAM 显卡：NVIDIA GeForce GTX 970 显存容量：2 048 MB 显存位宽：128 bit 显示器：无需求，推荐 20 寸 网络环境：联网	CPU：Intel（R）Core（TM）i7 - 6700K CPU@4.00 GHz（8 CPUs），~4.0 GHz 内存：16 GB RAM 显卡：NVIDIA GeForce GTX 1070 显存容量：8 192 MB 显存位宽：256 bit 显示器：无需求，推荐 24 寸 网络环境：联网

＊显卡驱动必须更新到最新，推荐配置至"VR 模式推荐配置"。

②101 创想世界必须在联网的情况下才能使用，能够支撑 101 创想世界输出的设备也是有限的：Oculus、HTC Vive 和 PC。101 创想世界的企业版可支持 3Glasses 输出。

第 2 章
编辑器界面简介

※ 2.1　导航界面

101 创想世界分别有登录界面、作品列表界面、创作作品界面、场景主界面等相关界面。

1. 登录界面

（1）游客

单击右上角的"随便看看"，便可以以游客的身份进入 101，在左上角还可以进行地区和语言的切换，如图 2.1 和图 2.2 所示。

图 2.1　随便看看

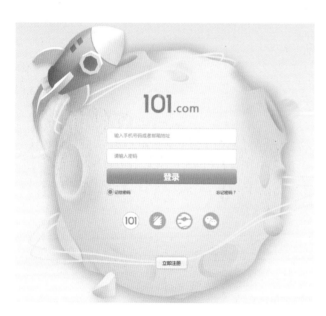

图 2.2　地区和语言的切换

（2）101 账号

需要注册 101 账号之后才能登录，登录后，左边会显示登录账号，如图 2.3 所示。

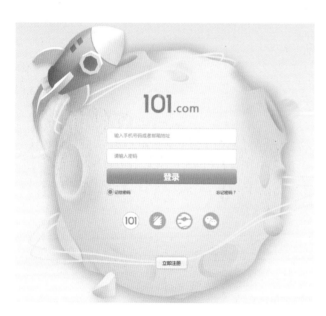

图 2.3　101 账号登录界面

（3）99U 登录

网龙内部员工可以用工号登录，如图 2.4 所示。

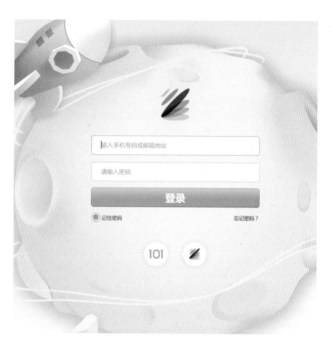

图 2.4　99U 登录界面

2. 作品列表界面

登录 101 创想世界（图 2.5）之后，就可以进行一些作品的创建。

图 2.5　101 创想世界界面

①进入 101 创想世界之后，可以在"在线作品"（图 2.6）中对已经完成的作品进行查看，也可以在搜索栏中搜索自己需要的作品。

图 2.6　在线作品

还可以下载某个作品进行观看，如图2.7所示。

图2.7 对作品进行下载

图2.10 对下载的作品进行编辑、再创作

②单击"我要创作"，会进入"我要创作"界面，单击右下角的"开始创作"，可以开始新的作品创作，如图2.8所示。

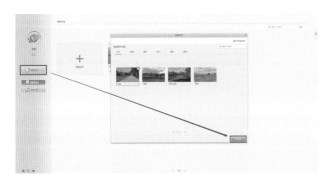

图2.8 单击"我要创作"进行创作

③单击"我的作品"，在"我的作品"里单击"我要创作"，进行作品的创作，或者下载创作完成的作品，在此基础上进行修改，如图2.9和图2.10所示。

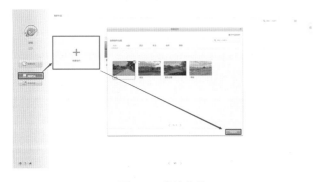

图2.9 我的作品

3. 创作作品界面

（1）选择创作主题

在进入创作作品的界面之后，可以选择一个场景，单击"开始创作"，进行场景的创建，如图2.11所示。

注意：如果是第一次使用的场景，可能需要较长的时间对场景进行下载，若是场景较大，需要的时间会很长，请耐心等待，如图2.12所示。

图2.11 创建场景

图2.12 加载场景

（2）模板分类

可以寻找符合自己需要的模板进行下载，如图2.13所示。

图2.13 模块的分类

（3）基于主题的创作

即在现有场景的基础上进行作品的创作。

（4）基于作品创作

可以理解为本地场景，目前尚未有资源，选择"返回主题创作"，便可以回到上一界面，如图2.14所示。

图 2.14 返回主题创作

4. 场景主界面

当进入场景之后，左上角是菜单栏。

主菜单：有返回大厅、保存、另存为等功能，如图2.15所示。

返回大厅：单击"返回大厅"之后，会回到作品列表界面。若是还在操作的场景中，单击"返回大厅"，会出现"要在退出前保存作品吗？"的提示。

图 2.15 主菜单

另存为：会出现"另存为"的确认框，可以为作品重新命名并且另外储存，可以起到备份的作用。

设置：对101创想世界内的相关功能进行设置。

①保存：对当前作品的操作进行保存。

②截图：当单击该按钮的时候，会出现如图2.16所示的提示。

图 2.16 截图提示

可以选择所需的截图类型和清晰度，之后单击"生成贴图"，会出现如图2.17所示的提示。

图 2.17 截图尺寸调整

在调整好截图的尺寸之后，可以单击"保存"按钮进行保存。单击"保存"按钮之后，会出现保存路径和格式的界面，进行保存，如图2.18所示。

图 2.18 保存路径和格式

①撤销：撤销上一步的操作，快捷键为 Ctrl + Z。

②重做：可以回到上一步被撤销的操作，快捷键为 Ctrl + Y。

※ 2.2 播放界面

下载好需要的场景，单击"播放"按钮，会跳出一个界面，在这个界面上可以选择播放作品、编辑作品、删除作品和导出作品，如图2.19所示。

图 2.19 播放

加载好资源之后进入了播放界面，如图 2.20 所示。

图 2.20 播放界面

在播放界面内，可以对场景进行暂停、退出、编辑和重播，如图 2.21 和图 2.22 所示。

图 2.21 暂停　　　图 2.22 退出、编辑和重播

右边是它的播放列表 ＋ 🗑 ⬇ ↻ 。

＋ 代表添加当前视频到列表中。

🗑 可以清空添加在列表里面的场景。

⬇ 当单击这个按钮时，会出现一个下拉列表，添加时间和作品名称。可以根据这两个选项对视频进行排序，如图 2.23 所示。

↻ 播放模式，这个按钮可以进行播放模式的选择，如图 2.24 所示。

图 2.23 排序　　　图 2.24 播放模式

※ 2.3 编辑界面

在播放界面，单击"编辑"按钮 ，便可进入编辑界面，如图 2.25 所示。

图 2.25 编辑界面

资源库里面有大量且丰富的资源，可以供选择和使用。从资源库列表里可以看到，不仅有场景和人物的模型，还有建筑、交通、物品等各式各样的模型资源，这些资源都可以免费使用。可以通过右边的列表对需要的资源进行搜索，也可以通过关键字搜索的方式进行搜索，如图 2.26 所示。

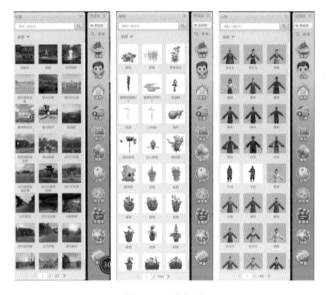

图 2.26　资源库

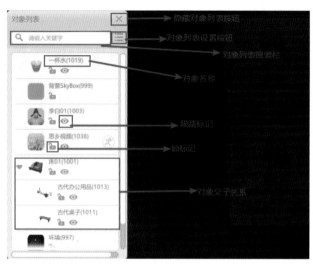

图 2.28　对象列表

小地图的作用是针对当前的一个视角进行预览，可以通过 WASD 对场景进行前、后、左、右的移动。

右端的伸缩轴可以对小地图进行放大和缩小，如图 2.27 所示。

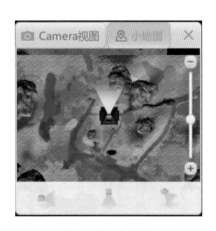

图 2.27　小地图

图 2.29　对象列表展开

图 2.27 下方各按钮含义：平常平视视角 ▨ 、顶视视角 ▨ 、鸟瞰视角 ▨ 。

对象列表如图 2.28 所示。

1. 隐藏对象列表按钮

当单击按钮 × 的时候，对象列表便会隐藏起来，当再次单击对象列表按钮 ▨ 时，对象列表便会再次展开，如图 2.29 所示。

2. 对象列表设置按钮

单击该按钮之后，会弹出两个选项框，如图 2.30 所示。

图 2.30　选项框

新建文件夹：可以在对象列表中新建一个文件夹

。文件夹默认为重命名状态。

查看：可以选择对象列表的查看方式。鼠标停在"查看"按钮上时，会有弹出一个对话框。

①图文模式：勾选"图文模式"，如图 2.31 所示。

图 2.31　勾选"图文模式"

②文字模式：勾选"文字模式"，如图 2.32 所示。

图 2.32　勾选"文字模式"

3. 对象搜索列表

可以在搜索栏内搜索列表中的对象，如图 2.33 所示。

4. 对象名称

记录对象列表里面对象的名称，如图 2.34 所示。

图 2.33　对象搜索列表

图 2.34　对象名称

5. 锁按钮

默认是未锁定状态，代表着这个物体现在处于解锁的状态，即这个物体是可以进行移动和缩放的。单击后面的定位按钮，可以将场景内的视角定位到当前对象的角度，如图 2.35 所示。

图 2.35　锁按钮和定位按钮

眼睛按钮：默认为开启的状态，表示这个物体在场景中是可见的，当单击这个按钮的时候，就会呈现闭眼的状态。若是呈现闭眼的状态，则该物体在场景中是隐藏的状态。但是隐藏的状态下并不影响演示效果，并且演示完返回编辑状态的时候，原本隐藏的物件是不会显示出来的，而这个主要是为了方便隐藏对象之后进行操作。

对象父子级关系：如图 2.36 所示，物件

图 2.36　对象父子级关系

"1001"是物件"1013"与"1011"的父级,若是移动"1001",那么"1013"和"1011"也会跟着"1001"移动到与它有一定距离的位置。

如果要将一个物体变成另外一个物体的子级,只要在对象列表上面将子级的物件拖拽到相应父级的物件上面,松开鼠标即可。

若在对象列表中某一对象上单击鼠标右键,将会弹出该对象的一个快捷菜单栏,如图2.37所示。

图2.37　对象快捷栏

①替换:单击之后将会弹出资源库,可以在资源库中选择其中一个模型替换当前该模型,如图2.38所示。要放弃替换操作,则单击"取消"按钮即可。

②删除:单击"删除"按钮之后,会删除对象模型。(备注:该对象下的行为颗粒将会一并删除!)

图2.38　替换

③重命名:可以对当前模型进行重命名的操作。

④添加为时间轴物体:要将需要的对象添加至时间轴中,首先要在添加的对象上单击鼠标右键,之后单击"添加为时间轴物体"按钮,就可以在时间轴内查看添加的新对象,如图2.39所示。

图2.39　添加为时间轴物体

⑤添加为逻辑轴物体:要将需要的物体添加至逻辑轴中,首先要在添加的对象上单击鼠标右键,之后单击"添加为逻辑轴物体"按钮,就可以在逻辑轴内查看添加的新对象,如图2.40所示。

图2.40　添加为逻辑轴物体

第 3 章
场景编辑基础

※ 3.1 对象设置

在资源库中，选中需要的模型，拖拽到场景中进行编辑。

移动物体：单击选中物体，可以在平面上进行移动。若单击物体上方的 ![按钮] 按钮，可以对物体进行垂直方向的移动，如图3.1所示。

图3.3 缩放按钮

当对模型右击之后，会弹出一个列表，如图3.4所示。

图3.1 移动物体

旋转物体：单击 ⟲ 按钮，对象周围会出现旋转的按钮，单击物体周围的三个按钮，可以任意拖动其中一个按钮对物体进行某个方向的旋转，如图3.2所示。

图3.4 列表

默认动作：可以对当前模型的动作进行修改，如图3.5所示。

图3.2 旋转按钮

缩放按钮：单击 ↗ 按钮，对象周围会出现可以缩放的四个按钮。当选中某个按钮的时候，按钮会变成蓝绿色。单击中间的黄色按钮，可以对模型进行等比缩放，如图3.3所示。

图3.5 动作修改

更换皮肤：对当前模型的材质进行修改，可以同时对所有模型的材质进行修改，如图3.6所示。

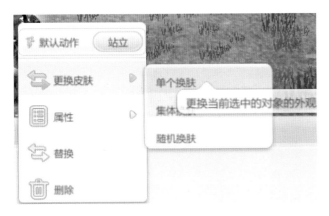

图3.6　材质修改

属性：

①不受重力影响：这个选项主要是针对模型在演示的时候是否做向下坠落的运动的选择，默认选项都是"不受重力影响"。若想要在演示的时候模型做向下坠落的运动，则需要则单击此项，选项变为"受重力影响"，如图3.7所示。

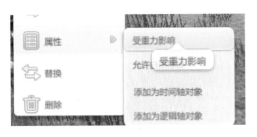

图3.7　受重力影响

②允许自由摆放：允许对象进行自由摆放，如图3.8所示。

图3.8　允许自由摆放

③添加为逻辑轴对象：通过此按钮可以将该对象直接添加至逻辑轴模式中。

④添加为时间轴对象：通过此按钮可以将该对象直接添加至时间轴模式中。

删除：若想删除该模型，在该场景中选中模型，右击，选择"删除"命令，或者在对象列表里面找到此模型，右击，选择"删除"命令即可。

替换：可以在场景或者对象列表里找到模型，右击，替换成自己需要的模型。

备注：若出现如图3.9所示画面，表明此模型还在加载中，稍等片刻即可。

图3.9　加载中

※ 3.2　场景设置

1. 新建场景

打开场景之后，如果想要重新换一个场景，打开资源库中的场景，选中需要的场景，会弹出一个提示框，如图3.10所示。

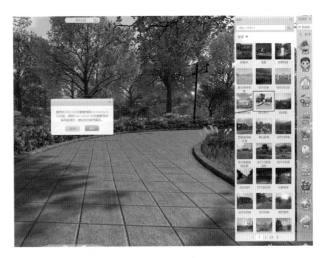

图3.10　新建场景

单击"确定"按钮，便可以替换场景了。

在界面的上面，单击如图 3.11（a）所示的按钮，可以添加新的场景。

（a）

（b）

（a）

（b）

图 3.12　场景切换

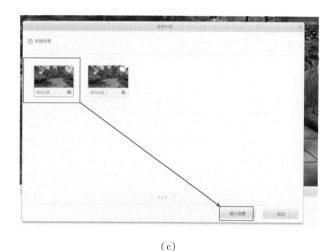

（c）

图 3.11　新建场景

图 3.13　天气效果

若是场景不止一个，在"行为面板"下面找到"控制"列表里面的"场景切换"。播放完第一个场景后会自动切换到第二个场景直至结束，如图 3.12 所示。

2. 天气效果

打开场景之后，可以改变里面的场景天气。单击右下角的"天气"按钮，如图 3.13 所示。

开启"天气"效果的前后对比如图 3.14 所示。

在"天气"里，可以修改一天中任何一段时间的天气变化，如图 3.15 所示。

在一天的任何时间段中，也可以在场景中添加一些

（a）

图 3.14　天气效果前后对比

（b）

图 3.14　天气效果前后对比（续）

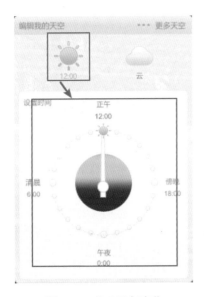

图 3.15　修改天气变化

其他的效果，比如雨、雪和雾等，如图 3.16 所示。

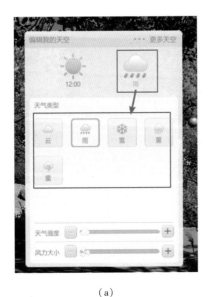

（a）

图 3.16　添加天气效果

（b）

（c）

图 3.16　添加天气效果（续）

在 101 创想世界中，"编辑我的天空"列表在场景中是不能移动的，当调整好天气的效果之后，再次单击"天气"按钮，就可以收起天气列表，不会妨碍视线了。

若想要去掉天气系统的效果，在"主菜单"选项中找到"设置"，如图 3.17 所示。

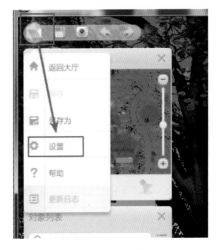

图 3.17　设置

找到"天气系统"，单击"关闭天气系统"，如图 3.18 所示。

图 3.18　关闭天气系统

之后会弹出一个窗口。它会提示"确定删除天气系统吗，删除后将还原您原来的场景天空，并重启客户端！"，单击"确定"按钮，会回到登录界面，如图 3.19 所示。

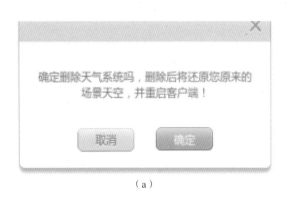

（a）

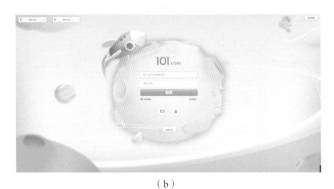

（b）

图 3.19　删除天气系统

※ 3.3　摄像机设置

摄像机的图标如图 3.20 所示。

图 3.20　摄像机图标

摄像机的移动、旋转和缩放等操作，在场景中的操作方式是和其他物体一样的。

按住 按钮，可以对摄像机进行上、下方向的移动，右上角是摄像机界面，在移动的过程中，可以看到场景也会变化，如图 3.21 所示。

（a）

（b）

图 3.21　摄像机的上、下移动操作

在 101 创想世界中，可以直接单击功能栏中的 按钮来设置摄像机的位置，如图 3.22 所示。

（a）

图 3.24　选择场景

（b）

图 3.22　摄像机的位置

图 3.25　开始创作

※ 3.4　案例实践：完成一个静态场景

完成的静态场景如图 3.23 所示。

图 3.23　静态场景

进入 101 创想世界之后，单击"我的作品"按钮，在作品里面单击"我要创作"按钮，选择自己需要的场景，如图 3.24 所示。

创作界面时，搜索自己需要的场景，选中场景之后单击"开始创作"按钮，如图 3.25 所示。

本节以"草地"场景为例。进入场景的界面之后，可以添加需要的素材，例如木屋之类，如图 3.26 所示。

图 3.26　添加场景

搜索、选择自己需要的木屋，拉入场景之中，如图 3.27 所示。

图 3.27　木屋

旋转木屋，使其正面对着自己，如图 3.28 所示。

（a）　　　　　　　（b）

图 3.28　旋转木屋

在资源库的植物列表中，找到树木，单击"确定"按钮，如图 3.29 所示。

图 3.29　添加树木

在树木列表中，添加需要的树木到对象列表，如图 3.30 所示。

图 3.30　添加树木到对象列表

若是添加的树木过多，可以选择其中一棵树作为"父级"，其他作为"子级"，子级的树木移动到父级树木那里，成组，如图 3.31 所示。

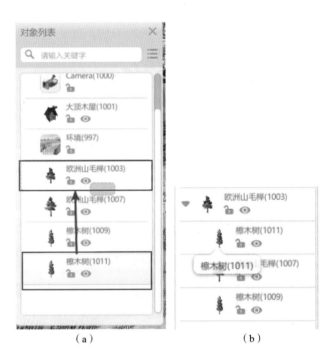

（a）　　　　　　　（b）

图 3.31　父级、子级、成组

在木屋的周围，可以添加一些花草来点缀。在资源库植物分类里找到花草部分，选择需要的花草。

由于添加的花偏多，可以以相同方式把玫瑰花成组，如图 3.32 所示。

选中父级的玫瑰花，可以对所有的玫瑰花进行位置的移动，如图 3.33 所示。

之后还可以添加一些木桩之类的物品，让场景看起来不是特别的空旷，如图 3.34 所示。

设置完场景之后，单击左下角的 按钮，把摄像机移动眼前。单击对象列表里的摄像机，就可以在右上角查看摄像机视角下的场景，如图 3.35 所示。

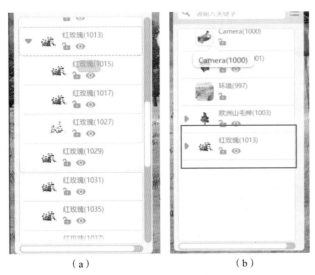

（a）　　　　　　　　（b）

图 3.32　玫瑰花成组

图 3.35　摄像机视角下的场景

完成场景之后，找到截图按钮 ，选择截图类型和图片清晰度，设置保存的名字、格式和路径，单击"保存"按钮，如图 3.36 所示。

（a）

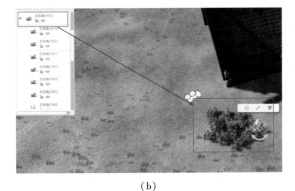

（b）

图 3.33　位置移动

（a）

（b）

图 3.36　保存

图 3.34　添加木桩

之后可以在保存的路径中找到制作的场景截图，如图 3.37 所示。

保存截图 ✕

截图名称

草地_1132089468293210000

截图格式

PNG ▼

保存路径

c:\program files (x86)\netdragon\vr mysticraft\VR_Data\Streamin •••

保存

（c）

图 3.37　场景截图

保存截图 ✕

截图名称

草地_1132089468293210000

截图格式

JPG ▼

保存路径

D:\桌面 •••

保存

（d）

图 3.36　保存（续）

第 4 章
事件编辑

在上一章中，学会了如何将模型添加到场景中，并且知道了怎么修改它们的属性。接下来需要做的事是：假设自己是一部电影或者电视剧的导演，拿起手中的剧本，在脑海中想想接下来演员们需要做什么。

一切从最简单的开始，可以先让演员们动一动，或者讲一句台词。

在本章中，将讲述以时间轴与逻辑轴为主的界面编辑内容。在101创想世界中，主要是用逻辑轴或者时间轴来完成场景中各个对象间的合理交互。也就是说，需要演员们做的所有事都是通过时间轴或者逻辑轴来实现的，如图4.1所示。

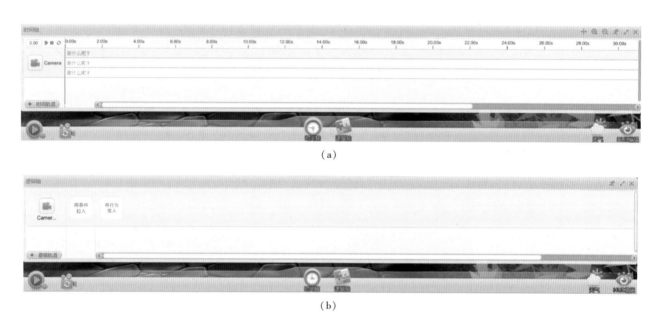

（a）

（b）

图 4.1　时间轴（a）和逻辑轴（b）

※ 4.1　事件编辑概要

4.1.1　时间轴概述

在创想世界的界面编辑中，逻辑轴与时间轴是完成所有物体交互的基础，而这两者间又有着不同的处理方式和各自的长处与短处，所以需要了解它们各自的特点，再根据不同的项目需求来选择合适的轴体。

在时间轴的编辑中，对象根据轴体上时间轴的滚动，不停地向下触发按顺序排布的行为颗粒。也许可以这么理解，即导演要求演员在本次镜头开始拍摄后，需要这么做：

第0～2 s，共2 s的时间里，从演员的座椅上站起来。

第3～6 s，共4 s的时间里，从演员的位置上走向讲台。

第7～10 s，共4 s的时间里，在黑板上作答老师提出的问题。

那么，在上述10 s的时间里，演员就按顺序做了三件事：起身、走路和作答。

这三件事分别耗费2 s、4 s和4 s。

在创想世界的时间轴编辑中，完全可以按照这样的逻辑去实现任何"剧本"中写好的事情。

只需要在时间轴中根据不同的时间标尺设置好对象在时间轴体上各个行为的摆放，并且调整好其在执行这些行为颗粒时的效果即可，如图4.2所示。

图 4.2　时间轴设置

使用时间轴的好处就是设置方式简单、方便观察项目效果和便于修改调整等。但是它的不足也很明显：实现功能单一，场景无交互。

4.1.2 逻辑轴概述

在逻辑轴的使用中,很好地解决了时间轴编辑中的不足之处。

逻辑轴比时间轴多了一个新的内容——条件。

在创想世界的行为事件编辑中,主要使用行为颗粒来控制物体的动作。而在逻辑轴中,设定好每个物体的行为颗粒之外,还需要给每个逻辑轴轨道上添加一个条件,用来控制每个对象的后续行为在合适的时机被调用。

再次化身"导演",在拍摄这一幕镜头时,由于本次出演的演员需要表演的内容比较多,导演无法像上次一样让其根据时间来判断镜头下的表演流程了。于是换一种方式:

当镜头转向演员 A 时,演员 A 向好友 B 告别。

当演员 A 说完台词后,演员 B 向演员 A 告别。

当演员 B 说完台词后,演员 A 转身离开。

由于演员无法实时关注镜头何时能够以他为焦点,故而这个剧本使用时间轴处理较为麻烦。

如果换成使用逻辑轴来实现,那么需要做的事情就简单了。

条件:准心悬停/目光范围触发。

后续行为:演员 A 告别→演员 B 告别→演员 A 离开。如图 4.3 所示。

图 4.3 逻辑轴

在逻辑轴的使用中,可以在一个对象的逻辑轴轨道中添加行为颗粒去控制其他的对象行为。并且在单独的一个逻辑轴轨道中,一旦条件触发,后续行为将会被依次执行,如图 4.4 所示。

图 4.4 执行规律

※ 4.2 时间轴的使用

单击页面下方的 🕐 按钮,打开时间轴事件编辑面板,如图 4.5 所示。

图 4.5 时间轴事件编辑面板

4.2.1 时间轴对象列表

在时间轴事件编辑面板的左侧,有对象列表与预览设置窗口两个部分。

对象列表用于表示场景中所有在时间轴中活动的物体,在一个新场景中,默认会有一个 Camera 对象存在于时间轴中,并且会有三个默认的空白 Camera 时间轨道,如图 4.6 所示。

图 4.6 时间轴对象列表

将对象添加到时间轴轨道:

由于时间轴与逻辑轴是以不同方式运行的两种事件编辑工具,故而在场景中,除了 Camera 以外的任何对象不能同时存在于时间轴与逻辑轴中。在添加对象到任意一个轴体时需要注意。

添加对象到时间轴有多种方式,主要分为两种,即直接拖拽和右键属性设置。

1. 直接拖拽

方式一:在场景对象列表中找到目标对象,使用鼠标左键拖拽至时间轴事件编辑面板的对象列表中,如图 4.7 所示。

方式二:在场景中找到对象模型,使用鼠标左键拖拽至时间轴事件编辑面板的对象列表中,如图 4.8 所示。

图 4.7　拖拽方式（1）

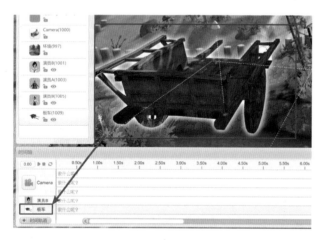

图 4.8　拖拽方式（2）

2. 右键属性设置

方式一：在场景对象列表中找到目标对象，右击，打开对象属性菜单，选择"添加为时间轴物体"，如图 4.9 所示。

方式二：在场景中找到对象模型，右击，打开对象属性菜单，选择"添加为时间轴对象"即可，如图 4.10 所示。

图 4.9　添加为时间轴物体

图 4.10　添加为时间轴对象

4.2.2　在时间轴中删除或修改对象

单击时间轴对象列表中需要替换或者删除的对象，鼠标右击即可弹出对象修改菜单，如图 4.11 所示。

图 4.11　对象修改菜单

替换：可以将当前场景中的此对象模型替换成其他模型，当前已完成的时间轴上的行为设置不会变化，如图 4.12 所示。

图 4.12 替换

选择对象修改菜单中的"替换",在资源库中选择合适的新对象,会弹出替换确认窗口,如图 4.13 所示。

图 4.13 替换确认窗口

单击"确定"按钮,对象列表中的原对象就替换成了新对象,如图 4.14 所示。

图 4.14 替换为新对象

删除对象:找到需要在时间轴对象列表当中删除的对象,右击,选择"删除对象",即可将此对象及它的时间轴轨道从列表中删除,如图 4.15 所示。

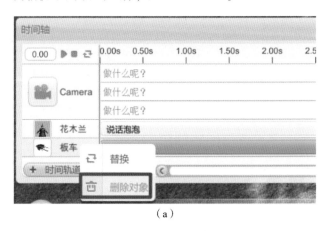

(a)

图 4.15 删除对象

(b)

图 4.15 删除对象(续)

4.2.3 对象时间轴轴体

对象时间轴轴体如图 4.16 所示。

图 4.16 对象时间轴轴体

1. 新增时间轴轨道

每一个添加到时间轴的对象至少有一个时间轴轨道,也可以单击对象列表中的 时间轨道 按钮来增加对象的时间轴轨道,如图 4.17 和图 4.18 所示。

图 4.17 "时间轨道"按钮

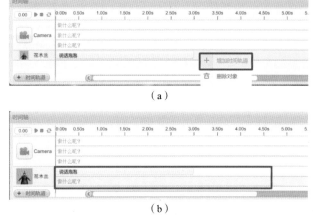

(a)

(b)

图 4.18 添加时间轨道

右击对象的时间轴轨道，在弹出的时间轴轨道菜单中也可以选择增加时间轨道。

2. 删除时间轴轨道

右击需要删除的时间轴轨道，在弹出的菜单中单击"删除时间轨道"，即可移除当前选择的时间轨道及轨道上的行为颗粒，如图4.19所示。

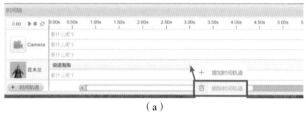

（a）

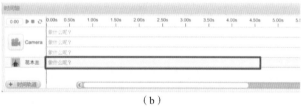

（b）

图4.19　删除时间轨道

轨道上方是时间轴触发面板，以秒为单位，在不同的时间轴轨道缩放比例下，每个单位的时间间距会有自适应调整，如图4.20所示。

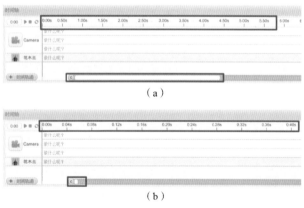

（a）

（b）

图4.20　自适应调整

3. 时间轴停止线

将时间轴缩小到最小比例后，可以在时间轴轨道右侧看到如图4.21所示的标尺，它的作用是标记这个场景在何时停止播放。在时间轴停止线后方的行为将不会被执行。

图4.21　时间轴停止线

默认的作品长度是40 s，可以随时拖动它至任何时间尺度上。

4.2.4　预览菜单

预览菜单用来预览在时间轴模式下编辑的作品内容，如图4.22所示。

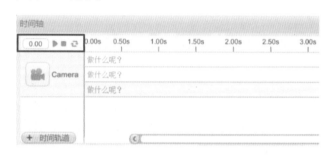

图4.22　预览菜单

用于开启时间轴预览，界面载入结束后，即可观察到编辑效果。

用于结束预览，返回编辑模式。

用于开启循环播放（此功能暂未开放，将在创想世界2.0版本中开放）。

0.00 显示当前预览时间（在创想世界2.0版本中，可支持输入数据定位播放时间）。

4.2.5　工具栏

工具栏如图4.23所示。

图4.23　工具栏

自适应：用于自适应调整时间轴时间比例尺。

放大：放大时间轴比例尺。

缩小：缩小时间轴比例尺。

行为面板：打开行为面板。

最大化事件编辑面板。

关闭时间轴界面。

4.2.6　时间轴的使用

1. 将行为添加到时间轴

打开时间轴轴体，在添加了合适的对象到时间轴对象列表中之后，就可以在行为面板中选择合适的行为颗粒，拖拽到下方时间轴的逻辑轴中，如图4.24所示。

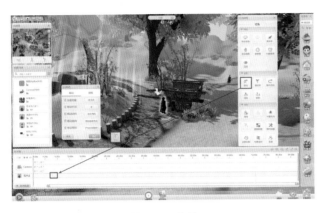

图 4.24 拖拽

添加到逻辑轴之后，逻辑轴会有一个行为颗粒表示未编辑的新行为。鼠标单击这个颗粒，编辑器中出现"移动"行为编辑面板，在面板中调整各个参数，单击"确定"按钮结束编辑，如图 4.25 所示。

（a）

（b）

图 4.25 调整参数

在设定好行为颗粒的各个属性后，再查看时间轴逻辑轨道。原先的行为颗粒的长度发生了变化，变成从 8 s 至 26 s，共 18 s 的长度，如图 4.26 所示。

图 4.26 时间轴逻辑轨道

也就代表着，在播放该场景之后，在第 8 s，花木兰开始移动，并且经过 18 s 的移动后，在第 26 s 停下。

如果时间轴上各个时间刻度尺相对应的对象轨道上没有行为，那么这个对象在这一段时间里将没有任何操作。

2. 编辑时间轴行为

如果在多个对象上实现相同的行为效果，只需在完成一个对象的行为属性编辑后右击，在弹出的快捷菜单中单击"复制"命令，再将行为粘贴到其他对象的逻辑轴轨道上即可，如图 4.27 所示。

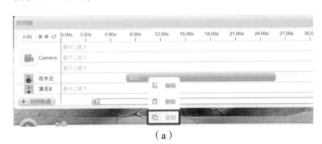

（a）

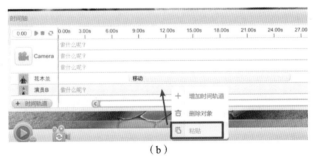

（b）

图 4.27 复制、粘贴

由于部分行为颗粒的部分属性受其对象影响，故而在粘贴后，需要调整行为属性面板上的内容，如图 4.28 所示。

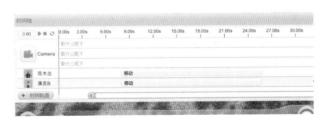

图 4.28 调整

3. 删除时间轴行为

在时间轨道上找到想要移除的行为颗粒，右击，弹出编辑菜单，找到"删除"命令并使用鼠标单击，就可以将该行为从时间轴轨道上移除，如图4.29所示。

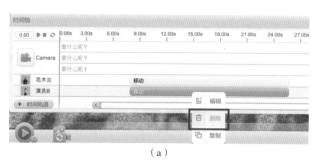

（a）

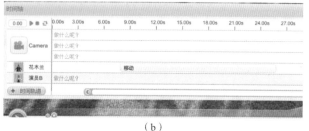

（b）

图4.29　删除时间轴行为

4. 行为冲突

在行为当中，部分行为的执行内容是类似的。例如"做动作"与"移动"，做动作的行为内容是播放对象模型上的某个动画组件，而移动则是控制对象的移动，在移动的同时，需要播放"走路"或者"飞行"的动画。

如果一个对象同时有两个类似行为在播放，那么对于对象接下来要播放哪个行为，就会有冲突了。在时间轴的轨道上会以红色标记行为冲突，如图4.30所示。

图4.30　行为冲突

默认情况下，后执行的行为会将先执行的行为打断。

由于单个对象可以有多个逻辑轴，如果在同一个时间刻度尺上放置了多个行为，就需要注意是否存在行为冲突。若发生冲突，应及时调整，以避免发生行为冲突。

当然，也可以利用这种冲突机制帮助完成特定的效果。

※ 4.3　逻辑轴的使用

单击页面下方的 逻辑轴 按钮，打开逻辑轴事件编辑面

板，如图4.31所示。

图4.31　逻辑轴事件编辑面板

逻辑轴事件编辑面板与时间轴的类似，页面左侧是逻辑轴对象列表，居中部分是条件与行为编辑栏，其余部分与时间轴的功能类似。此外，逻辑轴添加行为颗粒的方式与时间轴的一致。

4.3.1　逻辑轴运行规律

在打开一个新的逻辑轴编辑界面后，逻辑轴中会有一个默认的Camera对象，每个存在于逻辑轴或者时间轴的对象都默认有一个相应轨道。逻辑轴的轨道创建、新增与删除方式与时间轴的类似。

每个逻辑轴轨道中默认有一个条件栏与一个行为栏，在编辑器中，每个条件后面可以有多个行为栏。每个行为栏中可以设置一个或者多个行为，默认情况下，多个行为放置在同一个行为栏中"串联"在一起。若是选择将两个行为"并联"，则会默认生成一个新的行为栏。

与时间轴的执行顺序不同，在每个逻辑轴的轨迹中，所有被设置好的行为将会在前方条件被激活后依次执行，如图4.32所示。

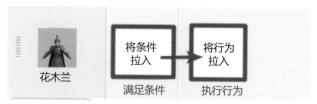

图4.32　满足条件、执行行为

同一个对象的多个逻辑轴轨道间默认互相独立。

在一个逻辑轴中，如果条件后面有多个行为栏，则条件满足后，同时执行后续的多个行为栏，如图4.33所示。

这里以条件"进入场景"与行为"移动""说话泡泡"为例。将条件"进入场景"从行为面板中拖入下方逻辑轴的"花木兰"后方，将行为"移动"拖入逻辑轴的"花木兰"后方，如图4.34所示。

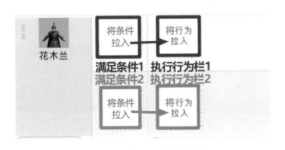

图 4.33 多个逻辑轴轨道

图 4.34 添加"进入场景"和"移动"行为

在行为面板中选择"说话泡泡",拖入逻辑轴中。在将新的行为拖到逻辑轴原有行为颗粒上方时,面板中的原行为颗粒将会发生变化,如图 4.35 所示。

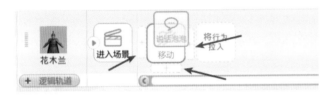

图 4.35 添加"说话泡泡"行为

若是将新的行为"说话泡泡"添加到原行为"移动"左侧的"+"上,则代表"说话泡泡"将会在条件激活后,在"移动"行为之前被执行,如图 4.36 所示。

图 4.36 添加到"移动"前方

若是将"说话泡泡"添加到原行为"移动"右侧的"+"上,则代表"说话泡泡"将会在条件激活后,在"移动"行为之后被执行。这一步与直接将新行为拖入后方空白行为框中效果一样,如图 4.37 所示。

图 4.37 添加到"移动"后方

若选择将行为"说话泡泡"添加到原行为"移动"下方的"+"上,那么代表着"移动"行为与"说话泡泡"行为会在条件满足后同步执行。这时,一个逻辑轨道

中就出现了一个条件栏与多个行为栏,如图 4.38 所示。

图 4.38 条件栏与多个行为栏

在"移动"后方若添加第三个行为"做动作",并且调整"说话泡泡"行为与"做动作"行为同步执行,如图 4.39 所示。

图 4.39 添加第三个行为

那么行为的执行顺序将会变成:当条件满足后,花木兰先执行"移动","移动"结束后,将同时执行"做动作"与"说话泡泡"。

4.3.2 逻辑轴中的行为使用

在逻辑轴中对行为颗粒的添加、编辑、删除方式与时间轴中的方法一致,如图 4.40 所示。

当复制了一个行为颗粒后,再次右击当前行为颗粒后,菜单中将会有如图 4.40 所示的两个新的选项。

图 4.40 粘贴

粘贴在右方:在当前行为后执行。结果如图 4.41 所示。

粘贴在下方:与当前行为同时执行。结果如图 4.42 所示。

图 4.41　粘贴到右方

图 4.42　粘贴到下方

由于同时执行同样的移动行为，发生了行为冲突，因而面板中出现了红色标记。

在逻辑轴中，由于行为执行顺序由各个逻辑轴轨道上的条件颗粒控制，如果在一个对象上的多个逻辑轴轨道中出现了多个易冲突的行为颗粒，则逻辑轴播放效果不易控制，故而在设置时，应注意尽量避免发生行为冲突。

第 5 章
事件的行为

※ 5.1 行为概述

在编辑对象时，需要经常打交道的就是对象的行为颗粒了。不管是时间轴还是逻辑轴，在两个轴体上使用的行为颗粒的内容与修改方式相差无几。

打开事件编辑面板，面板右上角的 ✗ 按钮就是行为面板的"最小化与显示"按钮。单击将其打开，就可以看到完整的行为面板，如图5.1所示。

在行为面板中，编辑器将所有的行为分为八个类别。

角色：用于控制角色外观显示，如图5.2（a）所示。

图 5.1　行为面板

动作：用于控制角色的动作行为，如图5.2（b）所示。

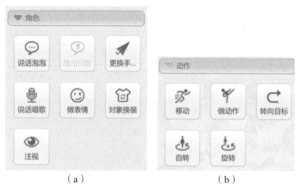

（a）　　　　　（b）

图 5.2　角色和动作

变化：用于创建角色在播放过程中的各种对象变化，如图5.3所示。

图 5.3　变化

镜头：用于控制摄像机的拍摄镜头变化，如图5.4（a）所示。

界面：用于UI界面编辑，如图5.4（b）所示。

控制：用于控制逻辑轴的轨道间的交互变化，如图5.4（c）所示。

声音：用于控制场景音效播放，如图5.4（d）所示。

其他：用于其他用途的两个行为，如图5.4（e）所示。

图 5.4　镜头、界面、控制、声音、其他

将鼠标悬停在行为颗粒上，会显示一个蓝色的灯泡提示按钮。

将鼠标悬停在灯泡提示按钮上，或者单击"详情介绍"，将能够看到这个行为颗粒的简述或详细描述，如图5.5和图5.6所示。

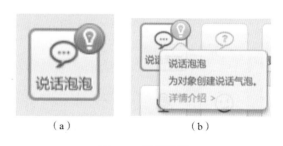

（a）　　　　　（b）

图 5.5　提示按钮

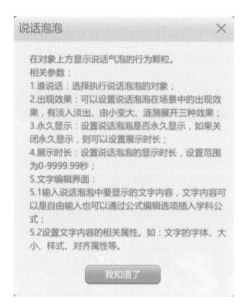

图 5.6 描述

当行为颗粒需要被使用时，只需将其从行为面板中拖拽到对应的时间轴/逻辑轴轨道上，然后在对应弹出的行为属性面板中调整合适的数值，单击"确定"按钮保存即可，如图 5.7 所示。

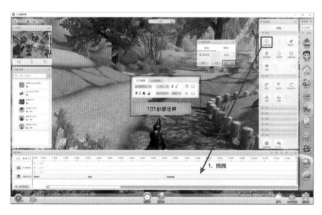

图 5.7 拖拽行为颗粒

部分行为的行为属性面板中有高级属性页面，可设置更多参数，以应对复杂需求，如图 5.8 所示。

（a）

（b）

图 5.8 属性页面

※ 5.2 角色行为

角色行为分类栏中有说话泡泡、提出问题、更换手持道具、说话唱歌、做表情、对象换装和注视七个行为，主要用于控制角色外观显示，如图 5.9（a）所示。

动作行为分类栏中有移动、做动作、转向目标、自转和旋转五个行为，主要用于对象动作行为，如图 5.9（b）所示。

（a） （b）

图 5.9 角色和动作行为

5.2.1 说话泡泡

说话泡泡的作用是在角色上方显示说话气泡，在场景中可以实现人物间的台词互动。

在场景中添加人物"花木兰"与"父亲"，并将"花木兰"添加为逻辑轴物体，如图 5.10 所示。

图 5.10 添加人物

在花木兰的逻辑轴轨道中添加默认场景条件"进入场景"，这个条件的作用是让后续的行为能在场景播放后直接运行，方便后续的调试观察，如图 5.11 所示。

图 5.11 进入场景

在行为面板中找到角色行为分类中的"说话泡泡"，将其拖拽到花木兰的逻辑轴轨道上，如图5.12所示。

图5.12　说话泡泡

这里会有三个窗口默认弹出，分别是上方的行为属性框、中间的文本编辑框、下方的文本属性框，如图5.13所示。

图5.13　弹出三个窗口

1. 文本编辑框

文本编辑框的作用是输入文字，预览文字效果。在每次添加了场景中文本显示相关的行为后，都需要首先将文字输入此窗口。

双击进入编辑模式，输入文字内容，如图5.14和图5.15所示。

图5.14　文本编辑框

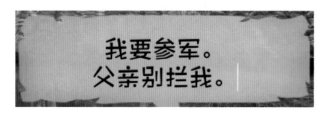

图5.15　编辑模式

2. 文本属性框——文字编辑

文本属性框的作用是修改编辑框中文字的基本文本效果。可以修改的内容包括字体、字号、字体效果（包含粗体、斜体、描边颜色、字体颜色）、段落对齐等。在右侧的窗口中，可以设置文本编辑框中的背景板图片、添加前景图、添加视频与添加表情，如图5.16所示。

图5.16　文字编辑

（1）字体设置

单击字体设置下拉按钮 方正雅珠体...▼ ，在弹出的下拉窗口中找到合适的字体，以更改文本编辑框中的字体显示。这里选择"方正榜书楷简体"字体。

在默认情况下，字体左侧的 ○ 代表该字体未在本地，需要在线加载；○ 表示已加载的字体。选择了新的字体后，等待一会儿便能看到预览效果，如图5.17所示。

图5.17　加载页面

（2）字号设置

文本编辑框的文字可以通过修改窗口中 30 ▼ 中的数值来更改字体字号，或者单击右侧的 A⁺ A⁻ 使字体放大或者缩小，如图5.18所示。

图5.18　更改字号

双击文本框进入编辑模式，使用左键选取文字前半部"我要参军。"，单击字号更改按钮，将字体修改为20

号，如图 5.19 所示。

图 5.19 修改"我要参军。"字号

（3）字体效果设置

B 字体加粗显示；*I* 字体斜体显示；**A** 字体描边；**A** 字体颜色。

当文字效果被开启后，面板中相应快捷按钮的边框处将会显示为淡黄色。

在文本编辑框中选取"父亲别拦我。"，单击 **B** 按钮，将其设置为粗体，如图 5.20 所示。

图 5.20 粗体效果

选取"我要参军。"，单击 *I* 按钮，将字体设置为斜体，此时斜体图标变成了 *I* 。效果如图 5.21 所示。

图 5.21 斜体效果

选取所有文字，单击 **A** 按钮右侧的三角形，在弹出的字体描边设置窗口中设置描边颜色和描边宽度，如图

5.22 所示。而后单击 **A** 按钮中的"A"字，将描边效果打开，此时图标变成了 **A** 。效果如图 5.23 所示。

图 5.22 描边效果设置

图 5.23 预览效果

与描边效果设置的方式类似，单击 **A** 按钮右侧的三角形，打开颜色设置窗口，选择合适的字体颜色。而后单击 **A** 按钮中的"A"字，将描边效果打开，如图 5.24 所示。

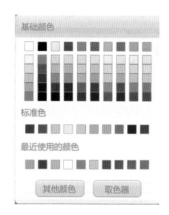

图 5.24 基础颜色

可以单击下方的"其他颜色"按钮，在颜色"自定义"面板中调整合适的颜色值。也可以选择下方的取色器，选择场景中的颜色值，如图 5.25 所示。

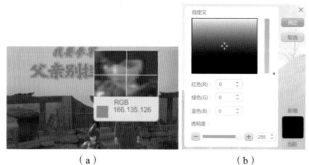

（a） （b）

图 5.25 颜色效果调整

调整后的效果如图 5.26 所示。

图 5.26　调整后的效果

3. 段落设置

在"说话泡泡"的文本段落设置中，所有字体默认是以居中对齐的方式显示的。

单击 居中对齐▼ 按钮，在弹出的列表中选取"左对齐"，效果如图 5.27 所示。

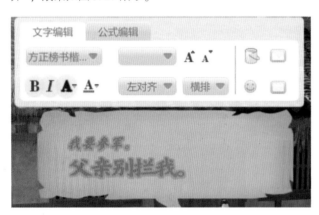

图 5.27　左对齐

单击 左对齐▼ 按钮，在弹出的列表中选取"右对齐"，效果如图 5.28 所示。

图 5.28　右对齐

在制作某些诗句文本时，可能需要字体以竖排的方式显示。

单击 横排▼ 按钮，将其切换成"竖排"，如图 5.29 所示。

图 5.29　竖排

4. 背景板图片设置

单击 按钮，即可打开背景板图片选择框，如图 5.30 所示。

图 5.30　背景板图片选择框

在其中选择合适的图片替换当前背景板即可，如图 5.31 所示。

图 5.31　背景预览效果

5. 添加图片与视频

如果需要在显示"说话泡泡"的文本显示界面中插入图片或者视频，只需要在文本属性框右侧单击"图片"

按钮 ▭ 或者"视频"按钮 ▭ ，然后在资源库中搜索合适的内容即可，如图 5.32 所示。

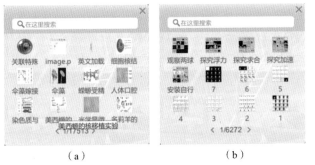

（a）　　　　　　　　　　（b）

图 5.32　添加图片与视频

6. 插入表情

与插入图片视频类似，单击下方的 ☺ 按钮，在弹出的列表中选择合适的表情即可，如图 5.33 所示。

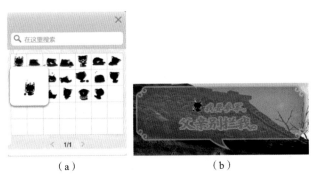

（a）　　　　　　　　　　（b）

图 5.33　插入表情

7. 文本属性框——公式编辑

"公式编辑"功能区如图 5.34 所示。

图 5.34　公式编辑

在"公式编辑"功能区中，有四大类别可供编辑选择，分别为结构、符号、字母及公式库。

结构：可以根据提供的公式结构来输入合适的公式，如图 5.35 所示。

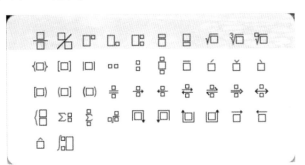

图 5.35　公式选择

符号：根据提供的符号来编辑公式，如图 5.36 所示。

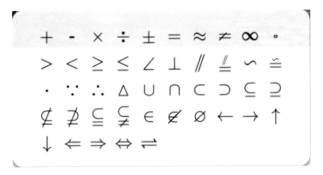

图 5.36　符号

字母：这里提供了一些特殊字母符号，如图 5.37 所示。

图 5.37　特殊字母符号

公式库：提供了从小学到高中四个学科的常用公式，如图 5.38 所示。

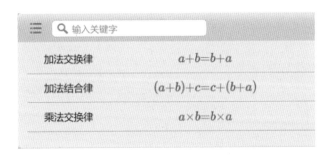

图 5.38　公式库

单击左上角的 ▤ 按钮，可以按照学科进行分类公式检索与选择，如图 5.39 所示。

8. 行为属性框

在行为属性框的简化列表中只有一个属性——谁说话，如图 5.40 所示，修改其对象，则改变说话泡泡的文字气泡框在该对象的头顶。

若将其更改为场景中的另一个对象，那么逻辑轴中的行为颗粒将会改变，如图 5.41 所示。

图 5.39　按学科分类检索

图 5.40　行为属性框

图 5.41　说话泡泡

在行为属性框中选择"高级"选项卡，切换成高级属性列表，如图 5.42 所示。

图 5.42　高级属性列表

出现效果：可切换文本出现的效果。有三个选项，分别为默认的淡入淡出、由小变大和涟漪展开。

永久显示：开启此项就可以使说话泡泡永久显示，关闭此项则可以在下方的展示时长中设置说话泡泡的显示时间。

5.2.2　提出问题

在花木兰的逻辑轴后方添加行为颗粒"提出问题"，如图 5.43 所示。

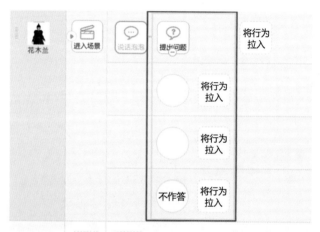

（a）

（b）

图 5.43　提出问题

与行为颗粒说话泡泡类似，在编辑界面中，上方是文本编辑框、左侧是文本属性框、右侧是行为属性框。

这里的文本属性框大部分内容与说话泡泡的一致，但在右侧菜单中有新的内容，如图 5.44 所示。

图 5.44　文字编辑

添加回答选项，单击即可在文本编辑框中添加一个回答的答案选项。

音频播放，可以在提出问题时播放音频。

在单击 按钮后，文本编辑框中的答案选项会从默认的两个变为三个，如图5.45所示。

图 5.45　文本编辑框

逻辑轴轨道中的行为颗粒也会发生相应变化，如图5.46所示。

图 5.46　逻辑轴中的行为颗粒

这里答案的数量上限为四个。

如果想要删除多余答案选项，只需单击多余的答案，右击，选择"删除"命令即可，如图5.47所示。

图 5.47　删除选项

删除后的文本编辑框如图5.48所示。

图 5.48　删除后的文本编辑框

由于是提出问题，在这个面板中，上方的文本编辑框主要用来显示问题，下方的两个选项文本框中显示可选答案。

双击文本框，进入文本编辑状态，输入文字即可，如图5.49所示。

图 5.49　编辑状态

1. 行为属性框

行为属性框默认状态下的简化界面与说话泡泡的一致，可以切换提问对象，如图5.50所示。

图 5.50　行为属性框

"高级"属性面板如图5.51所示。

图 5.51　"高级"属性面板

问题提示：在提出问题时，在提问文本框右上角可以显示提示内容，如图5.52所示。

图 5.52　提示内容

定时消失：若用户在一定时间内未完成回答，则本次提问自动结束。在此选项打开后，增加了新属性，如

图 5.53 所示。

显示时长：可回答问题的时间，如图 5.53 所示。

图 5.53 显示时长

答题计时：开启计时器，如图 5.54 所示。

图 5.54 答题计时

2. 行为颗粒设置

逻辑轴轨道中，行为颗粒的播放顺序如图 5.55 所示。

图 5.55 行为颗粒

在执行了提出问题行为后，若用户做出了回答，则逻辑轴中的行为会根据不同答案进行相应轨迹的跳转执行，如图 5.56 所示。

图 5.56 "阻止"选项的后续行为轨迹

例如，在回答了"阻止"之后，逻辑轴会立刻执行答案轨迹轴"阻止"选项的后续行为轨迹。

若在行为属性框中设置了"定时消失"，并且用户在 10 s 内未选择任何答案，如图 5.57 所示，则默认执行"不作答"选项后续的逻辑轴轨道，如图 5.58 所示。

图 5.57 定时消失

图 5.58 执行后续的逻辑轴轨道

并且在默认情况下，无论是否作答、作答选择的答案是什么，逻辑轴在执行后，都将执行提出问题行为颗粒蓝色方框后的行为，如图 5.59 所示。

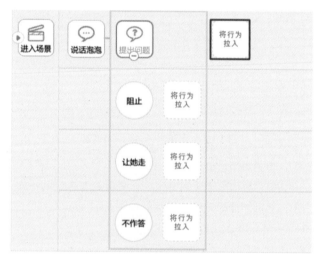

图 5.59 执行行为

5.2.3 更换手持道具

更换手持道具，顾名思义，就是更改模型手上的道具。这个行为要求对象身上开放"手持模型"的功能，故而只适用于部分人物模型。可以通过右击对象模型，在弹出的菜单栏中查看是否有"更改手持道具"选项来判断该对象是否支持此行为，如图 5.60 所示。

在场景中添加对象"红军02"，将其添加到逻辑轴列表，添加默认条件"进入场景"。

添加行为"更换手持道具"，如图 5.61 和图 5.62 所示。

图 5.60　更换手持道具

图 5.61　"更换手持道具"面板

（a）　　　　　　　　（b）

图 5.62　更换道具选择

谁换道具：若当前对象支持"更换道具"的功能，则此选项默认选择对象自身。

换成什么：即对象需要手持的道具，需要从资源库中选择相应道具。

5.2.4　说话唱歌

与上一个行为类似，此行为也需要对象模型支持说话功能，即此行为只有部分人物对象支持。

在"红军 02"逻辑轴后添加"说话唱歌"，如图 5.63 和图 5.64 所示。

图 5.63　添加"说话唱歌"

图 5.64　"说话唱歌"面板

让谁说："说话唱歌"的对象。

说什么：说话或者唱歌的内容，需要从资源库或者本地文件夹中选择音频文件，或者选择录制音频，如图 5.65 所示。

图 5.65　录音功能

若是选择录制音频，按下 🎤 开始录音、⏹ 停止录音、▶ 播放录音、💾 保存录音，如图 5.66（a）所示。

变声效果：可以根据需要来修改音频的音色效果，如图5.66（b）所示。

在"红军02"的逻辑轴后方添加行为"做表情"，如图5.68所示。

图5.66　录制音频和变声效果

在行为属性面板中单击"高级"选项卡，可切换至高级属性栏。

在属性栏下方可以改变声音大小，或开启音频循环播放，如图5.67所示。

图5.67　循环播放

5.2.5　做表情

与上一行为类似，需要人物对象模型支持该功能。

图5.68　做表情

谁做表情：做表情的人物对象。

什么表情：需要展示的面部表情。

选择属性框中的"什么表情"选项栏，单击合适的选项即可在窗口中预览人物面部相应的表情，如图5.69所示。

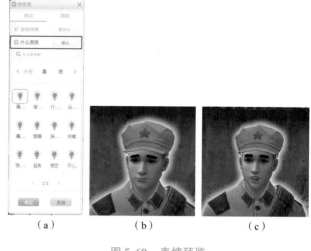

图5.69　表情预览

5.2.6　对象换装

与上面的行为类似，这个行为只适用于部分支持换装的人物对象模型。

将其拖入对象的逻辑轴轨道，查看属性面板选项，如图5.70所示。

给谁换：需要更换外观装扮的对象。

换哪套：在资源库中选择需要替换的外观。

永久换装：默认开启，对象永久使用新的装扮，若关闭，则需要选择更新"换装多久"选项的属性数值。

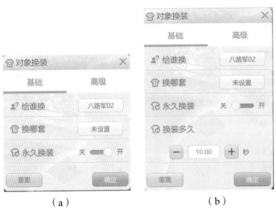

图 5.70　查看属性面板选项

图 5.71　注视行为

5.2.7　注视

与前面介绍的行为类似，需要部分人物对象模型支持该行为，如图 5.71 所示。

谁去看：完成该注视行为的对象。

谁被看：被注视的对象。

永久注视：默认开启，则该对象永久注视目标对象。

注视多久：若未开启"永久注视"，则需要确定注视的时间。

5.2.8　移动

移动行为可用于控制场景中所有需要位移动作的对象，主要功能是控制物体的移动。

在逻辑轴中找到"花木兰"的对象轨道，在原先设置的"提出问题"的回答"让她走"轨道后添加"移动"行为，如图 5.72 所示。

图 5.72　添加移动行为

当前对象：控制哪个对象需要进行移动。

移动方式：默认的有走、跑与自定义，走与跑是设定好的两个默认移动速度。若是需要精确控制，则需要将移动方式设置为"自定义"，并输入精确移动速度，如图 5.73 所示。

图 5.73　移动方式

移动动作：作用是设定角色在位移时，角色本身模型播放的动作效果，如图 5.74 所示。

移动朝向：在默认的"朝向前进方向"设置中，对象在移动的时候将会面部朝向移动的前进方向。也可以选择"自由朝向"，那么角色在移动时，面部只会朝着原始方向，如图 5.75 所示。

开始绘制路径：绘制角色的移动路径。在单击之后，界面切换到角色路径编辑界面，如图 5.76 所示。

由于绘制路径点的方式是根据鼠标单击的地面点来标记位移目标，在摄像机视角与地面夹角过小时，容易设置错误，故而在绘制时尽量控制视野，需朝下正视地面，以达到最好的路径绘制环境。

图 5.74　移动动作

图 5.75　移动朝向

图 5.76　界面切换到角色路径编辑界面

由于部分地形较为特殊（例如海面场景中无地面），使用移动的路径绘制面板设置移动路径时，需要谨慎绘制。

将鼠标指针更改为小红旗的标志。切换界面视图，在良好的视野下在地面单击来移动目的点。

目的点出会有一个红旗生成，并且在角色与红旗间有绿色的虚线相连，绿色虚线中心有一个白色的正方形，如图 5.77 所示。

红色旗帜：某一段路径的终点，也将是下一路径的起点。

图 5.77　效果预览

角色自身脚底处：路径的起点。

白色方块：控制路径的曲率，若需要角色走曲线，只需调整方块的位置即可。

在编辑模式下，控制红旗与白方块的方式与控制对象的一致。将鼠标放在目标旗帜或方块上，鼠标图形变为白色手，通过拖拽旗帜来控制水平位移，单击后按住顶部白色锥形，通过拖动来控制垂直位移，如图 5.78 所示。

图 5.78　位移

若是有多余旗帜点需要移除，只需单击目标旗帜，右击，弹出菜单栏，选择"删除路径点"或"删除整条路径"即可，如图 5.79 所示。

图 5.79　移除多余旗帜点

在编辑完成后，单击 ✅ 按钮即可保存当前路径。若是需要撤销修改，单击 ↩ 按钮即可。

5.2.9　做动作

此行为需要对象模型支持"动作"选项。可以在对象上右击，弹出对象编辑菜单，查看菜单栏上方是否有"默认动作"选项，如图 5.80 所示。

图 5.80　"默认动作"选项

将"做动作"行为添加到"花木兰"的逻辑轴轨道"移动"行为后方，如图 5.81 所示。

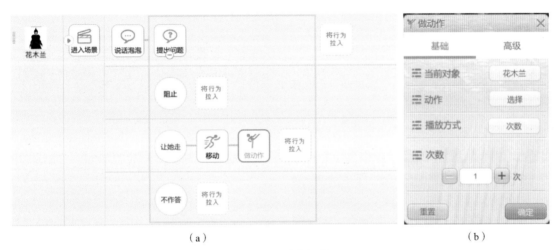

（a）　　　　　　　　　　　　　　　（b）

图 5.81　动作调整

当前对象：设置需要做动作的对象。

动作：选择该对象播放的动作，如图 5.82 所示。

图 5.82　"拥抱"动作

播放方式：设定播放动作的期限，即默认是按次数播放，还是按秒数播放，或者是永久循环，如图 5.83 所示。

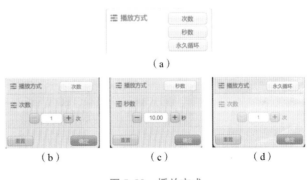

图 5.83　播放方式

5.2.10　转向目标

转向目标，顾名思义，此行为用于控制对象在场景播放时的面朝方向。可以设置面朝某个对象或者场景中的某个固定的点，如图 5.84 所示。

（a） （b）

图 5.84 转向目标

朝向目标：即对象在转向后面朝的目标，可设置为场景中其他对象，或者是场景中的某个固定的点。选择设置对象，画面切换到对象选择视图，当鼠标移动到可选取对象时，对象出现绿色描边，单击鼠标确定即可，如图 5.85 所示。

（a） （b）

图 5.85 朝向目标

设置坐标，画面切换到地图编辑视图，在场景中使用鼠标左键单击来标记定位点即可，如图 5.86 所示。

图 5.86 标记定位点

永久转向：开启后，角色永久面朝目标点/目标对象。

持续时长：若未开启永久转向，则需要设置角色面朝对象的时间。

转向速度：控制角色转向的速度。

转向方向：在图 5.86 中，角色脚底的蓝色箭头即表示默认的转向为顺时针方向。若需要修改方向，只需设定此选项即可，如图 5.87 所示。

图 5.87 转向方向

5.2.11 自转

自转用于控制角色绕自身旋转，并且可以随意设置其旋转的速度与时间。它与转向目标的类型相似，但目标本质上有所区分。转向目标针对旋转后的结果，而自转更注重旋转的过程。

自转速度：用于控制当前对象自转的速度，可自由设置旋转速度，如图 5.88 所示。

图 5.88 自转速度

无限循环：可开启对象循环旋转。

自转时间：若未开启循环旋转，则需要设置目标自转的时间。

在设置自转行为效果时，当前对象会默认播放自转效果，以便调整参数。单击脚底的箭头，可以修改目标自转方向，如图 5.89 所示。

图 5.89 自转方向

在角色对象头顶有个蓝色圆锥，使用鼠标单击拖拽即可调整对象自转的角度，如图5.90所示。

图5.90 自转角度

5.2.12 旋转

旋转行为的作用是让对象围绕某个点来完成转圈的效果，类似于地球围绕太阳公转。

将旋转行为添加到逻辑轴轨道后，界面切换到地图目标点编辑界面，鼠标切换成红色旗帜，这时需要编辑者确定一个旋转中心点，如图5.91所示。

图5.91 确定旋转中心点

在旋转的属性面板中，前半部分与自转的属性类似。

旋转圈数：设定对象旋转的圈数。

旋转轨迹：设定是否开启旋转轨迹的显示，默认开启。

轨迹宽度/轨迹颜色/轨迹类型：设置轨迹的显示效果。

椭圆形轨迹开启：将默认正圆形的旋转轨迹调整为椭圆形旋转轨迹。

开启椭圆轨迹后，原轨迹上新增两个调整工具，如图5.92所示。

图5.92 旋转轨迹

■ 标记为默认旋转方向，单击可切换方向。

※ 5.3 对象变换

"变化"分类栏中有隐身、解除隐身、对象发光、停止发光、更换材质、物件拆解、还原分解、对象变形、变身和改变天气这十个行为，如图5.93所示，主要用于控制场景对象的变化特效。

图5.93 变化

本节将以逻辑轴来展示角色行为面板中各个行为颗粒的使用，使用场景名为"山脚平原"，使用的默认条件为"进入场景"。

5.3.1 隐身/解除隐身

隐身/解除隐身的作用是将场景中的对象慢慢地隐去/将已隐身的对象慢慢显示出来。

在资源库中选择一个对象添加到场景中，并添加到逻辑轴，这里以"路人丙"为例。

加入默认条件与"隐身"行为，如图5.94和图5.95所示。

图5.94　加入默认条件与"隐身"行为

图5.95　"隐身"面板

谁隐身：需要隐身的对象。

永久隐身：是否开启永久隐身。若未设置"永久隐身"，就需要在下方设置隐身时长。

渐隐时间：对象变化的过程时间。

这里设置好默认"永久隐身"，以观察行为"解除隐身"的效果。

在逻辑轴中为"路人丙"新增一个逻辑轴轨道。添加条件"计时触发"，添加行为"解除隐身"，如图5.96所示。

图5.96　"计时触发"和"解除隐身"面板

解除隐身行为属性面板选项与隐身的类似，如图5.97所示。

在场景开始时，对象"路人丙"会默认直接隐身，5 s后又会解除隐身再次出现。

图5.97　属性面板选项

5.3.2　对象发光/停止发光

对象发光与停止发光也是一对互斥行为。对象发光的作用是让对象出现一层描边效果，如图5.98所示，而停止发光恰好是打断这个效果。

图5.98　对象发光效果

谁发光：发光的对象。

闪烁发光：以闪烁的形式出现描边效果。

永久发光：是否永久发光。

发光多久：若是未开启"永久发光"，则需要在此设置发光持续时间。

发光颜色：可单击设置发光颜色，提供RGB数值设置与吸取颜色选项。

在"路人丙"对象逻辑轴上添加两个新的逻辑轴轨道，分别添加"进入场景""对象发光"和"计时触发""停止发光"，如图5.99所示。

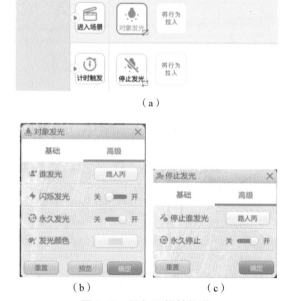

图5.99　添加逻辑轴轨道

5.3.3 更换材质

更换材质，顾名思义，就是更改对象的外表材质，此行为多用于场景中的道具对象。

在场景中添加"短凳""斜三棱台石膏"和"木质杯子"，如图 5.100 所示。

图 5.100 更换材质

将任一物体添加到逻辑轴中，添加默认条件，添加行为"更换材质"，如图 5.101 所示。

（a）

（b）

图 5.101 更换材质

给谁换：需要修改外观材质的对象。

选择材质：在资源库中找到合适的目标材质，选择时，模型会相应切换外观。

永久更换：开启时，永久替换当前材质。

持续时间：若未开启"永久更换"，则需要设置替换新材质的持续时间。

单击"选择材质"，选择"简欧风格窗帘"材质，即可在场景中看到对象预览，如图 5.102 所示。

复制两个"更换材质"行为到下方，分别将"给谁换"属性切换为石膏与木质杯子，如图 5.103 所示。

图 5.102 更换材质效果

（a）

（b）

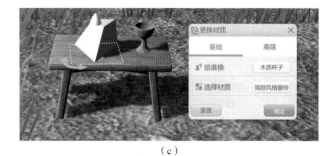

（c）

图 5.103 属性切换

预览效果如图 5.104 所示。

图 5.104 预览效果

5.3.4　物件拆解/还原分解

物件拆解的作用是将含有子对象的某个对象进行拆解，将子物体与父物体分开；还原分解是物件拆解的逆过程。两者行为属性栏的选项类似，故而略过还原分解的属性介绍。

目标对象在对象列表中必须要有子物体，故将在上一节中添加的三个物体短凳、石膏、木质杯子再添加一份，并添加为父子级关系。在对象预览图左侧出现了小三角形的，是父物体，下方空一格的物体是它的子物体。

在短凳的逻辑轴中添加一个新的逻辑轴轨道，并添加默认条件与行为"物件拆解"，如图5.105所示。

（a）

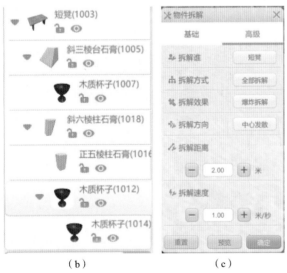

（b）　　　　（c）

图 5.105　物件拆解

拆解谁：需要被拆解的对象。要求此对象必须有子物体，即对象列表中左侧有小三角的对象。

拆解方式：有三种方式，即全部拆解、局部拆解和按层级拆解，如图5.106所示。

图 5.106　拆解方式

全部拆解：将该对象的所有子对象及孙对象等全部拆解散开，如图5.107所示。

图 5.107　全部拆解

局部拆解：即只针对该对象的某一个子对象进行拆解散开。

在选择需要额外拆解的部分时，被拆解部分会有黄色描边，如图5.108所示。

图 5.108　局部拆解

按层级拆解：若被拆解对象的子对象也有子对象，则可以设置拆解到第几层的"子对象"。被拆解的对象为第一层，其子对象为第二层，子对象的子对象为第三层，依此类推，如图5.109所示。

图 5.109 按层级拆解

拆解效果：爆炸拆解、线性拆解。

爆炸拆解为拆解时所有对象同时散开，如图 5.110 所示。

图 5.110 爆炸拆解效果

线性拆解为拆解时所有对象依次散开，如图 5.111 所示。

图 5.111 线性拆解效果

拆解方向：选择物体散开的方向，如图 5.112 所示。

图 5.112 拆解方向

- 中心发散：以父物体为中心向四周发散（默认）。
- X/Y/Z 轴拆解：向 X/Y/Z 轴方向发散，如图 5.113 所示。

（a）

（b）

（c）

图 5.113 X/Y/Z 轴拆解
（a）X 轴拆解；（b）Y 轴拆解；（c）Z 轴拆解

- 定向拆解：自定义方向发散，如图 5.114 所示。

拆解距离：子物体散开的距离。

拆解速度：散开的移动速度。

（a）

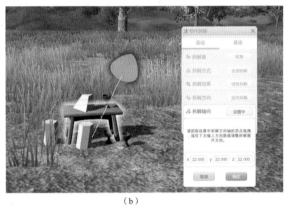

（b）

图 5.114　定向拆解

5.3.5　对象变形

对象变形的作用是使对象发生缩放变化。此行为会影响对象下的所有子物体，如图 5.115 所示。

图 5.115　对象变形

当前对象：需要进行缩放的对象。

变形时长：对象变形过程的时间。

水平/垂直/前后缩放：推荐三个方向上的缩放倍数设置成同样数值。

在添加了该行为到逻辑轴后，物体上方出现缩放工具，直接使用缩放工具也可以调整变形效果。

5.3.6　变身

此行为可将当前对象替换为其他对象，与场景编辑中的"替换"效果一致，如图 5.116 所示。

图 5.116　变身

谁变身：需要变身的对象。

变成什么：将要变化成的对象。需要从资源库中选择，选取过后，界面中将会出现半透明的新对象的预览效果，如图 5.117 所示。

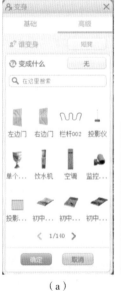

（a）

（b）

图 5.117　变成什么

永久变身：开启后，新对象永久替换旧对象。若未开启，则需要设置变身时长。

5.3.7 改变天空天气

改变天空天气用于改变场景的天空与天气效果，如图 5.118 所示。

图 5.118 改变天空天气

什么天空：选择场景中已有的天空效果，如图 5.119 所示。

图 5.119 天空

时间：设置阳光的角度，12 点对应正午，场景最亮，如图 5.120 所示。

天气强度：设置天气效果，如雨滴的数量或者雪花的数量。

风力大小：设置风力大小，如图 5.121 所示。

天气：设置场景中的天气效果，默认有云、雨、雪、雾、雷、阴，如图 5.122 所示。

图 5.120 设置阳光的角度

图 5.121 改变风力大小

图 5.122 天气效果

永久生效：开启永久更改天气。若未开启，需要设置"生效多久"选项的数值，如图 5.123 所示。

图 5.123 生效时间

※ 5.4 镜头控制

镜头分类中有镜头切换、观察物体、镜头特效、跟拍、旋转拍摄、移动拍摄、环绕拍摄、视角绑定、镜头滤镜九个行为，这些行为主要用于控制场景中摄像机的镜头切换及镜头特效，如图5.124所示。

本节将以逻辑轴来展示角色行为面板中的各个行为颗粒的使用，使用场景名为"古代江宁知府"，使用的默认条件为"进入场景"，如图5.125所示。

图 5.124　镜头

图 5.125　场景效果

5.4.1　镜头切换

镜头切换的作用是将摄像机切换到新位置，如图5.126所示。

图 5.126　镜头切换到物体

当前对象：摄像机需要切换到的位置。默认摄像机切换到目标对象的"脚底"。

摄像机：单击"设置"按钮，可调整摄像机的位置。

打开案例场景，将摄像机默认设置到市集外。在接下来的案例中，需要使用镜头切换将摄像机切换到市集中，观察场景中的人物对象。

在市集中合适的摄像机位置处添加任意一个物体（为摄像机标记位置），这里选择"水分子"对象，添加在场景街道的半空，如图5.127所示。

在摄像机逻辑轴中，添加条件"计时触发"，并设置其时间间隔为5 s；添加行为"镜头切换"。如图5.128所示。

图 5.127　添加"水分子"对象

（a）

（b）

图 5.128　添加"计时触发"和"镜头切换"

将"镜头切换"中的当前对象设置为水分子，在场景编辑窗口就可以看到水分子对象上出现了半透明的摄像机模型。在为"镜头切换"行为设置了对象后，默认情况下摄像机朝向对象的正前方，故而还需要通过移动或者旋转来调整摄像机的角度与位置，如图5.129所示。

图 5.129　镜头切换

单击"设置"按钮，调整摄像机的角度，以获取最佳画面，如图5.130所示。

图 5.130　摄像机旋转

　　若需要旋转调整摄像机新位置的拍摄角度，则退出角度设置界面，单击当前物体后，切换工作轴为旋转轴，再单击"设置"按钮，再次进入摄像机角度设置界面后，就可以调整摄像机的旋转了，如图 5.131 和图 5.132 所示。

图 5.131　镜头旋转

图 5.132　调整摄像机旋转

　　水分子模型可能会影响摄像机的拍摄视野，在 VR 模式下播放会影响视觉效果，因此，需要对镜头切换的承载对象进行隐藏。

　　在场景对象列表中单击水分子对象上的 👁 按钮，将水分子隐藏，如图 5.133 所示。

　　在正常情况下，任何对象都可以成为"镜头切换"行为的承载对象。但如果对象在镜头切换之前通过任何方式移动离开原位置，将会让摄像机切换镜头的效果产生位移偏差。

（a）

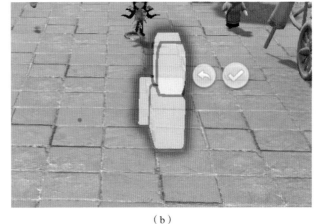

（b）

图 5.133　隐藏水分子

5.4.2　观察物体

　　"观察物体"的作用是近距离观察场景中的对象，以对象为中心，通过鼠标可切换摄像机的角度来观察物体，如图 5.134 所示。

图 5.134　观察物体

　　观察谁：被观察的对象。

　　怎么观察：有三种观察方式，如图 5.135 所示。

图 5.135　观察方式

- 环绕观察：以观察对象为视角中心，通过鼠标可切换摄像机观察物体的角度方向。这是默认方式。
- 自由观察：摄像机在固定位置观察，通过鼠标切换摄像机自身的角度。
- 水平观察：与环绕观察类似，但只能以水平方向环绕观察对象。

永久观察：默认开启永久观察。

观察多久：若未开启"永久观察"，需要调整观察时间。

改变距离：设置在执行观察行为时，是否改变摄像机与观察对象的距离。

观察距离：若开启了"改变距离"选项，需要设置摄像机距离对象的距离。

图 5.136　过渡动画

过渡动画：摄像机的观察动画，共四种方式，如图 5.136 所示。

- 无动画：无动画，镜头瞬移至对象眼前。
- 镜头拉近：镜头快速拉近至观察对象眼前。
- 飞入眼前：被观察的对象快速移动至眼前。
- 瞬移眼前：被观察的对象瞬间移动至镜头前。

观察的背景：可设置观察时的背景画面，如图 5.137 所示。

图 5.137　观察的背景

背景模糊：开启后，可使观察物体时背景有模糊效果，如图 5.138 所示。

图 5.138　背景模糊

若此时需要观察多个物体，只需要设置其余物体为此对象的子对象即可。或者通过行为"绑定"将其余对象绑定到被观察物体上，如图 5.139 所示。

图 5.139　行为"绑定"

使用聚光灯：开启后，观察物体时，头顶将会有聚光灯照射主要观察对象，如图 5.140 所示。

图 5.140　使用聚光灯

5.4.3　镜头特效

用于控制镜头效果，增加镜头特效，如图 5.141 所示。

抖动：打开镜头抖动的效果。

抖动程度：可通过此项来修改镜头抖动的剧烈程度，如图 5.142 所示。

重影：打开镜头中画面重影的效果。

重影程度：通过此项修改镜头重影的效果，如图 5.143 所示。

图 5.141 镜头特效

图 5.142 抖动程度　　　图 5.143 重影程度

永久显示：开启镜头永久特效。

显示时长：若未开启"永久显示"，需要调整显示时长。

5.4.4 跟拍

在场景相对主要对象移动的时候，可以通过使用镜头跟拍来始终跟随对象拍摄，如图 5.144 所示。

图 5.144 跟拍

跟拍谁：需要跟拍的对象。

永久跟拍：默认开启"永久跟拍"。

跟拍多久：若未开启"永久跟拍"，需要设置跟拍的时长。

大师模板：使用模板来创建摄像机跟拍的角度，如图 5.145 ~ 图 5.147 所示。

（a）　　　　　　　　（b）

图 5.145 拍摄前跟、后跟

（a）　　　　　　　　（b）

图 5.146 侧跟、表情

（a）　　　　　　（b）　　　　　　（c）

图 5.147 相机环绕旋转

- 前跟：相机全程拍摄角色前方（图 5.145（a））。
- 后跟：相机全程拍摄角色背部（图 5.145（b））。
- 侧跟：相机全程拍摄角色侧边（图 5.146（a））。
- 表情：相机拍摄角色面部（图 5.146（b））。
- 背影：相机围绕角色从侧面旋转到背面进行拍摄（图 5.147）。

调整构图：调整摄像机拍摄的角度。

跟随转向：打开后，摄像机将会跟随物体转向而转向。

5.4.5　旋转拍摄

控制摄像机以设定好的角度旋转观察场景，如图5.148所示。

图 5.148　旋转拍摄

从哪转：摄像机旋转的起始点，单击"调整"按钮，进入相机视角设置窗口，使用右键调整镜头画面，如图5.149所示。

图 5.149　调整镜头画面

在调整到最佳画面后，单击界面中的"保存"按钮，如图5.150所示。

转到哪：摄像机旋转的终点，单击"调整"按钮，进入相机视角设置窗口，使用右键调整镜头画面，如图5.151所示。

图 5.150　保存

图 5.151　转到哪

在调整到最佳画面后，单击界面中的"保存"按钮，如图5.152所示。

旋转速度：控制摄像机旋转的速度，如图5.153所示。

图 5.152　保存　　　图 5.153　旋转速度

在设置过后，相机将会以最近的距离转动显示场景画面。

5.4.6　移动拍摄

与旋转拍摄类似，移动拍摄的作用是让摄像机在移动的过程中拍摄场景，如图5.154所示。

图 5.154　移动拍摄

拍摄谁：选择需要拍摄的目标对象，默认为场景，摄像机视角为自由视角，如图5.155所示。

若是将拍摄对象切换为指定对象，需要额外设置拍摄目标对象。在选择了对象后，摄像机移动拍摄时，镜头中心为指定对象，不允许用户通过外设调整镜头画面。

（a）　　　　　　　（b）

图 5.155　拍摄谁

从哪开拍：设置镜头的起始画面，单击"开始选择"按钮进行设置。调整好画面后，单击"保存"按钮保存当前画面，如图5.156所示。

图 5.156　设置起始画面

拍到哪：设置镜头的移动结束画面，单击"开始选择"按钮进行设置。调整好画面后，单击"保存"按钮保存当前画面，如图5.157所示。

图 5.157 设置结束画面

怎么移动：在设置好起始镜头与结束镜头后，场景中将会有两个虚拟相机显示在设置好的镜头位置。默认以直线进行连接。

若是需要更改调整镜头移动路径，只需调整画面中的黄色方块位置即可，如图5.158所示。

单击黄色方块，使用鼠标拖拽方块进行平移，或者使用鼠标拖拽方块上的垂直移动工作轴进行上下移动。

图 5.158 调整镜头移动路径

若是将"怎么移动"的选项修改为"弯曲移动"，场景中两个虚拟摄像机的连线将会变成两个黄色方块的连接。

在场景中可以随意修改黄色方块的位置，并通过画面中的摄像机视图来查看预览效果，或者通过"移动拍摄"行为属性面板中的"高级"属性面板来修改具体参数。

在"高级"属性面板中，支持通过修改摄像机起始与最终位置的位置/方向的坐标值来调整镜头效果，如图5.159所示。

（a） （b）

图 5.159 修改参数

5.4.7 环绕拍摄

环绕拍摄可以支持摄像机对场景中的某个特定地区或者某个对象进行空中环绕拍摄，如图5.160所示。

拍什么：默认有场景与指定对象两种选择，如图5.161所示。

若是选择拍摄"场景"，第二个选项就变成"拍哪里"。

图 5.160 环绕拍摄

图 5.161　拍什么

拍哪里：在地图中选择一个地址，单击"请设置"进行定位，如图 5.162 所示。

图 5.162　定位

若是选择拍摄场景对象，第二个选项就变成"指定谁"，需要选择场景中的某个对象，如图 5.163 所示。

图 5.163　指定对象

从哪拍：设置摄像机的拍摄起始位置。单击"开始选择"按钮进行设置，在将摄像机调整到合适位置后，单击"保存"按钮即可，如图 5.164 所示。

图 5.164　保存

拍多久：设置摄像机环绕拍摄的时长。

大师模板：有如下三种选择。

• 圆形环绕：环绕轨迹为正圆形。

• 椭圆环绕：环绕轨迹为椭圆。

• 螺旋环绕：环绕轨迹为螺旋状上升。

在"高级"属性面板中，可通过三维坐标数值来设置相机的拍摄位置、环绕速度和方向，如图 5.165 所示。

图 5.165　拍摄位置、环绕速度和方向

5.4.8　视角绑定

通过设置视角绑定，可将摄像机视角绑定转移到指定的对象身上。效果与镜头切换的类似，如图 5.166 所示。

图 5.166　视角绑定

谁的视角：摄像机视角要转移到的目标对象。

视角的位置：可通过此选项调整对象身上小红旗的高度位置，以改变行为的观察点，如图 5.167 所示。

图 5.167　视角的位置

一直看：设置该行为是否一直执行。

看多久：若未设置"一直看"，则需要调整此行为执行的时长。

朝哪里看：设置摄像机在对象位置上查看场景的角度。

单击"保存"按钮即可，如图 5.168 所示。

图 5.168　保存

5.4.9　镜头滤镜

为镜头添加滤镜，如图 5.169 所示。

（a）

图 5.169　镜头滤镜

（b）

图 5.169　镜头滤镜（续）

滤镜类型：分为三种，如图 5.170 所示。

图 5.170　滤镜类型

1. 动态滤镜

顾名思义，动态效果的镜头滤镜。

在将滤镜类型切换为"动态滤镜"后，将行为属性面板切换到"高级"属性栏中，可查看更多高级属性，如图 5.171（a）所示。

滤镜模板：选择动态滤镜的已有模板，默认有五种基本模板可选，如图 5.171（b）所示。

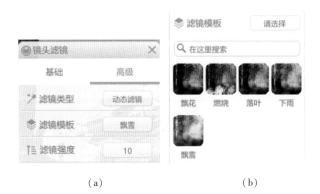

（a）　　　　　　（b）

图 5.171　动态滤镜模板

滤镜强度：设置该滤镜的强度，最大值为 100，如图 5.172 所示。

滤镜颜色：选择颜色控制的滤镜，如图 5.173（a）所示。

（a）

图 5.174　细化调整颜色

（b）

图 5.172　滤镜设置

滤镜模板：选择基本颜色模板，如图 5.173（b）所示。

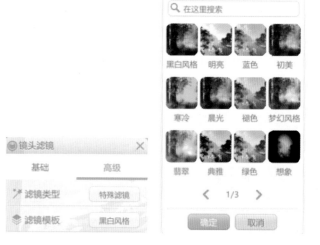

（a）　　　　　　（b）

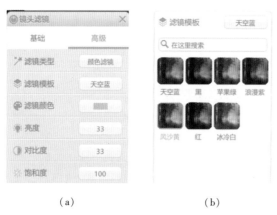

（a）　　　　　　（b）

图 5.173　滤镜颜色和滤镜模板

2. 颜色滤镜

颜色滤镜的主色调。

亮度/对比度/饱和度：细化调整颜色，如图 5.174所示。

3. 特殊滤镜

有特殊效果的滤镜。

滤镜模板：选择特殊滤镜的基本模板，如图 5.175所示。

图 5.175　特殊滤镜

永久显示：设置滤镜效果永久存在。

显示时长：若未开启"永久显示"，则需要调整显示时长，如图 5.176所示。

出现效果：设置滤镜出现时的效果。

多久出现完毕：设置滤镜完全出现所需的时间，如图 5.177所示。

消失效果：设置滤镜消失时的效果。

图 5.176　"显示时长"设置

图 5.177　"出现效果"设置

多久结束完毕：设置滤镜完全消失所需的时间，如图 5.178 所示。

图 5.178　消失效果

※ 5.5　界面与文字

界面分类栏中有"眼前文字""箭头引导""打开界面""关闭界面""打标签"和"取消标签"六个行为，如图 5.179 所示，其中"打开界面"与"关闭界面"、"打标签"和"取消标签"分别是两对互斥关联的行为。它们主要用于界面与文字的显示。

图 5.179　界面

5.5.1　眼前文字

镜头视野的位置前展示文字信息，如图 5.180 所示。

当前对象：选择眼前文字的对象，如图 5.181 所示。

文本框：双击文本框，可以在里面输入需要显示的文字，如图 5.182 所示。

图 5.180　展示文字信息

图 5.181　当前对象

图 5.182　文本框

1. 文字编辑

可以对文字进行字体、字号、文字颜色、字体效果等设置。

字体设置：可以单击 方正雅珠体▼ 后方的倒三角按钮进行字体的选择。

字号设置 14 ▼ A⁺ A⁻：单击后方倒三角的按钮可以进行字号的选择；也可以通过 A⁺ 增大字号、A⁻ 减小字号。

字体效果设置 B I A⁻ A⁻：B 按钮设置字体是否加粗；I 按钮设置字体是否倾斜；A⁻ 按钮设置字体是否有描边，可以单击后边的倒三角按钮对字体描边进行设置，如图 5.183 所示。

图 5.183　描边设置

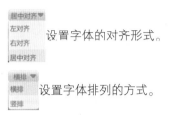 设置字体的对齐形式。

设置字体排列的方式。

2. 展示效果

可以设置文字的展示效果，目前可以设置是否淡入淡出，并且可以设置文字出现的时间。

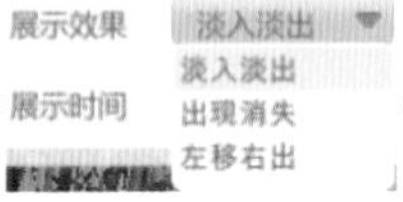

 ：可以设置文字的展示效果，如图 5.184 所示。

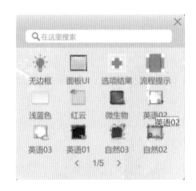

图 5.184 展示效果

展示时间  ：设置文字出现的时间，可以在输入框中直接输入参数，也可以通过 — 按钮减少时间、通过 + 按钮增加时间。

底板选择 ：单击此按钮，可以对说话泡泡的底板进行相关的选择，单击后的选择界面如图 5.185 所示，根据自己的需要单击选择即可。

图 5.185 选择

3. 公式编辑 （图 5.186）

图 5.186 公式编辑

（1）结构 （图 5.187）

可以根据使用到的公式结构进行选择。

图 5.187 结构

（2）符号 （图 5.188）

图 5.188 符号

可以根据公式使用到的符号进行选择。

（3）字母 （图 5.189）

图 5.189 字母

对公式中使用的一些特殊字符进行选择。

（4）公式库 （图 5.190）

单击 ☰ 可进行学科的公式选择，如图 5.191 所示。

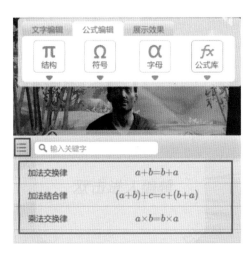

图 5.190　公式库

图 5.191　进行学科公式选择

1）数学（图 5.192）

图 5.192　数学

①小学数学（图 5.193）。

图 5.193　小学数学

小学数学分为数与代数和图形与几何。

a. 数与代数（图 5.194）。

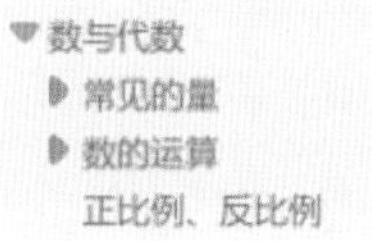

图 5.194　数与代数

b. 图形与几何（图 5.195）。

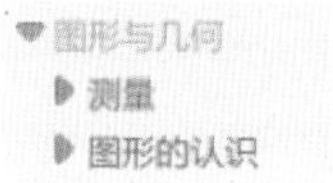

图 5.195　图形与几何

②初中数学（图 5.196）。

图 5.196　初中数学

③高中数学（图 5.197）。

图 5.197　高中数学

2）生物（图 5.198）

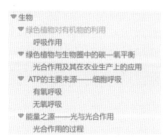

图 5.198　生物

3）化学（图 5.199）

图 5.199　化学

①初中化学（图5.200）。

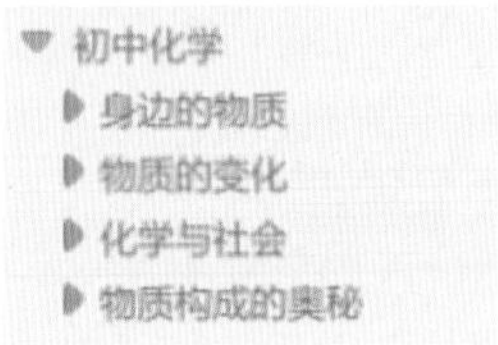

图5.200 初中化学

②高中化学（图5.201）。

图5.201 高中化学

4）自定义公式库（图5.202）

图5.202 自定义公式库

此版本尚未完善此功能，后续版本再更新。

注：常用的公式可以通过输入关键字搜索。

变量扩展操作：当前版本支持文字格式调用变量，使用"#"符号打开变量列表进行选择，如图5.203所示。

图5.203 变量扩展操作

（注：目前"眼前文字""说话泡泡""提出问题"中，都可以输入"#"调用变量。）

重置：返回初始设置。

预览：预览当前设置好的行为颗粒。

确定：完成所有设置项后，单击"确定"按钮完成设置的保存。

5.5.2 箭头引导

在指定的持续事件内，以准心为中心，出现一个箭头引导指向模型。

1. "基础"界面（图5.204）

图5.204 箭头引导"基础"界面

2. "高级"界面（图5.205）

图5.205 箭头引导"高级"界面

（1）箭头指向

可以设定需要使用箭头引导的坐标或者对象。

标记所需对象：单击箭头指向，出现一个红色的小旗子，然后将鼠标移动至需要箭头引导的对象模型，待模型出现绿色边框时候，如图5.206所示，单击鼠标左键，变化如图5.207所示。

图5.206 出现绿色边框

图 5.207 效果图显示

最后单击 按钮完成选取，或单击 按钮取消选取。

设置坐标：单击箭头指向，则会出现一个小旗子，如图 5.208 所示。

图 5.208 设置坐标

接着可以将其移动至想要的位置（这个旗子就表示箭头引导的坐标点），单击鼠标左键，如图 5.209 所示。

图 5.209 移动位置

最后单击 按钮完成坐标点的设置，或单击 按钮取消设置的坐标点。

（2）箭头形状

单击此按钮可以选择已经预设好的箭头类型，在资源库中现有的箭头有三种类型，可以根据自己的喜好进行选择。

然后单击"确定"按钮完成箭头的选择，如图 5.210 所示。

图 5.210 箭头形状

（3）引导限时

关闭状态下为永久引导，如图 5.211 所示。

图 5.211 永久引导

开启状态下需要设置引导时长，如图 5.212 所示。

图 5.212 永久引导开启

重置：返回初始设置。

确定：完成所有设置项后，单击"确定"按钮完成设置的保存。

（注：播放过程中，如果有多个箭头引导，箭头的颜色会随机变化。）

5.5.3 打开界面/关闭界面

在场景中打开某个界面，如图5.213所示。

哪个界面：选择需要打开的界面，如图5.214所示。

图5.213 打开界面　　　图5.214 选择对象

出现模式：设置打开UI的出现模式。有三个选项，如图5.215所示。

图5.215 出现模式

1. 跟随对象

打开UI界面后，界面跟随对象移动。选择"跟随对象"后，可以选择"跟着谁""位置调整"选项。

①跟着谁：设置跟随的对象，如图5.216所示。

图5.216 跟着谁

②位置调整。

在"跟随对象"模式开启时出现，主要用来调整界面跟随对象时，在对象的哪个位置出现，如图5.217所示。

图5.217 位置调整

使用鼠标左键拖拽界面，设置界面的位置，如图5.218所示。

也可以使用三维坐标来调整界面的位置，如图5.219所示。

图5.218 鼠标拖拽界面

图5.219 调整界面位置

2. 固定位置

界面出现在编辑框时设置的位置。

位置调整：进行初始位置的调整。

可以使用鼠标拖动来调整界面位置，也可以使用三维坐标进行界面固定位置的调整，如图5.220所示。

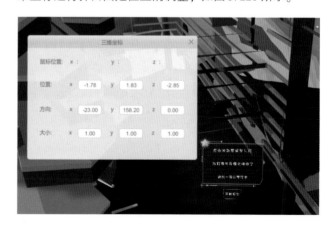

图5.220 位置调整

永久打开：设置是否永久打开。

若关闭此按钮，可设置打开界面的时长，如图5.221所示。

图5.221 设置打开界面的时长

目前支持时长为0.01~3 600 s。

打开效果：位于打开界面"高级"选项内，可以设置打开界面时的动画效果，如图5.222所示。

图5.222 打开效果

（注：对象列表内如无界面，则无法使用此行为颗粒。）

在场景中关闭某个界面，如图5.223所示。

图5.223 关闭界面

哪个界面：选择需要关闭的界面，如图5.224所示。

图5.224 选择需要关闭的界面

关闭效果：选择需要关闭的效果。

有两个选项，如图5.225所示。

图5.225 关闭效果

● 直接消失：关闭UI界面中的效果。
● 淡出：效果缓慢消失。

重置：返回初始设置。

预览：预览当前界面的展示效果。

确定：完成所有设置项后，单击"确定"按钮完成设置的保存。

5.5.4 打标签/取消标签

为对象设置标签，如图5.226所示。

图5.226 打标签

谁的标签：设置标签打在谁的身上。

标签内容：设置标签的内容。单击"设置"按钮后，界面如图5.227所示。

图5.227 设置标签

双击指定位置，输入标签内容。设置后，左键按住圆点可设置圆点位置（但位置不能离对象太远），如图5.228所示。

图5.228 效果图显示

永久显示：开启后将永久显示，关闭后可设置显示时长。

展示效果：设置预览时标签的展示效果，如图5.229所示。

图5.229　展示效果

取消对象身上设置的"打标签"行为颗粒，如图5.230所示。

图5.230　取消标签

谁的标签：设置要取消谁的标签。

（注：该对象必须有大标签行为颗粒。）

哪些标签：选择要取消的标签，如图5.231所示。

图5.231　哪些标签

取消特效：设置标签消失时的动画效果，如图5.232所示。

图5.232　取消特效

重置：返回初始设置。

预览：单击"预览"按钮可以观察效果。

确定：完成所有设置项后，单击"确定"按钮完成设置的保存。

※ 5.6　声音播放

5.6.1　发出声音/停止声音

1. 发出声音

使选定的对象或背景播放声音，如图5.233所示。

图5.233　播放声音

（1）哪种声音

选择发出声音的类型，如图5.234所示。

图5.234　选择发出声音的类型

①背景音：发出背景声音。

②点音源：将对象看作点并发出声音。

单击后，出现是否绑定对象及绑定谁的选项，开启绑定对象，声音将跟随对象，如图5.235所示。

图5.235　声音跟随对象

③区域音源：设置在指定区域发出声音。

单击后，出现"不衰减距离"及"最大传播距离"的选项，如图5.236所示。

图 5.236　设置发声区域

不衰减距离：一定距离内，声音不发生衰减，如图 5.237 所示。

图 5.237　不衰减距离

最大传播距离：声音最远能传播到的距离，如图 5.238 所示。

图 5.238　最大传播距离

（2）什么声音

分为如下的三种：

①本地文件：从电脑中选择想要的音频文件，支持文件类型 .wav、.ogg 和 .mp3 格式。

②资源库：从在线资源库中选择想要的音频文件。

③我要录音：若想要自己对音频进行录音，可以单击此项，如图 5.239 所示。

录音文件存放在 \VR_Data\StreamingAssets\data\audio 路径下。

图 5.239　什么声音

录音：开始进行录音。

停止：停止录音。

回放：回放之前所录制的内容。

保存：保存录制的音频内容，如图 5.240 所示。

图 5.240　保存录音

也可以在录音列表中选择之前录制的音频进行使用。

（3）循环播放

默认为关闭的状态，若想让设定的声音永久性地播放，可以将后方开关处更改为开启状态。

播放次数：设定需要播放声音的次数，可以单击 + 增加时间或 − 减少时间。

（4）声音大小

拖动按钮控制声音大小，如图 5.241 所示。

图 5.241　声音大小调整

重置：返回初始设置。

预览：这里可以单击"预览"按钮来观察效果。

确定：完成所有设置项后，单击"确定"按钮完成设置的保存。

2. 停止声音

如果想在某个条件被触发后，场景中的某个声音被删除，可使用"停止声音"行为，如图 5.242 所示。

绑定谁：选择需要停止在哪个对象上面的声音。

哪个声音：选择想要停止的声音，单击该声音会演示播放该声音，如图5.243所示。

图5.242 "停止声音"行为　　图5.243 选择

可以单击"对象声音"和"背景音"旁的三角按钮来切换对象声音列表和背景音列表。

永久停止：此开关可控制声音停止多久。打开状态下声音将永久停止，关闭状态下可控制声音停止多久后再次播放，如图5.244所示。

图5.244 停止时间设置

可以通过 — 按钮减少停止时间，也可以通过 + 按钮增加停止时间，或者输入想要停止的时间。

设置后，触发停止声音行为颗粒，会将目标声音停止相对应的时间，然后再次播放。

停的效果：可以设置停止声音过程的效果，目前分为声音渐小和立即消失两种。

声音渐小：2 s内声音慢慢变小到无声。

立即消失：声音马上停止。

怎么停：目前分为两种，即暂停和静音，如图2.245所示。两种方式实际效果差距不大。默认为暂停。

图5.245 停的效果

重置：返回初始设置。

确定：完成所有设置项后，单击"确定"按钮完成设置的保存。

（注：若在没有添加音频的对象上添加"停止声音"的行为，就会有提示。）

5.6.2 控制声音

可以控制声音的大小、播放、暂停、停止、速度等。

基础设置中，默认开启"永久持续"，如图5.246所示。

图5.246 控制声音

单击"高级"选项卡进行设置，如图5.247所示。

图5.247 高级设置

哪种声音：发出声音的类型，分为对象声音和背景音两种，如图5.248所示。

图5.248 发出声音类型

①对象声音：从对象上发出的声音。

②背景音：发出背景声音。

谁的声音：选择要控制哪个对象的声音。

哪个声音：选择想要的声音，单击该声音会演示播放该声音，如图5.249所示。

图5.249　播放声音

状态：控制声音的状态，当前有播放、暂停、停止三种选择，如图5.250所示。

图5.250　状态

永久持续：设置控制声音为永久持续，关闭后可设置持续多久，如图5.251所示。

图5.251　持续时间设置

状态切换：指设置声音切换时的模式，有逐渐切换和立即切换两种，如图5.252所示。

图5.252　状态切换

音量控制：拖动按钮控制声音大小，也可以直接在右上方输入数值，如图5.253所示。

图5.253　音量控制

速度：控制声音播放的速度，可以输入数值或拖动按钮进行调整，如图5.254所示。

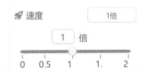

图5.254　速度设置

重置：返回初始设置。

预览：这里可以单击"预览"按钮来观察效果。

确定：完成所有设置项后，单击"确定"按钮完成设置的保存。

5.6.3　播放录音/录音器

播放在作品演示过程中录制的录音文件，如图5.255所示。

图5.255　播放录音

什么录音：指定要播放的录音（录音来源于录音器、语音评测等行为颗粒录制的音频），如图5.256所示。

图5.256　录音

循环播放：设置声音按次播放或者永久播放。关闭状态下，可选择播放次数，如图 5.257 所示。

图 5.257　播放次数设置

播放次数：设置播放录音的次数。

重置：返回初始设置。

确定：完成所有设置项后，单击"确定"按钮完成设置的保存。

在事件中使用录音功能，可以在触发该事件的时候进行自由录音，如图 5.258 所示。

图 5.258　录音器设置

（注：录音路径为WR_Data\StreamingAssets\data\audio。）

单击录音器可以调出录音的控制菜单，包含开始、暂停、结束选项，如图 5.259 所示。

图 5.259　开始、暂停、结束

开始：表示开始进行相关的录音，并且可以在录音文件名区域输入自己想要的录音文件名，如图 5.260 所示。

图 5.260　录音开始

暂停：表示暂停相关的录音。

结束：表示结束录音，也就意味着完成了录音的操作。

重置：返回初始设置。

确定：完成所有设置项后，单击"确定"按钮完成设置的保存。

※ 5.7　场景控制

镜头分类中有时间推迟、随机行为、计算、激活开关、锁定/激活触发条件、添加/删除对象、绑定/解除绑定、场景切换、跟随、更换外设形象、重播与关闭作品，这些行为主要用于控制场景中摄像机的镜头切换及镜头特效。

5.7.1　时间推迟

时间推迟的作用是在当前行为栏停止等待一段时间，然后继续执行下一行为，如图 5.261 所示。

图 5.261　时间推迟设置

推迟时长：可以在此输入框中输入需要等待的时长，也可以单击 — 减少时间或者单击 + 增加时间。

重置：返回初始设置。

确定：完成所有选项设置之后，单击"确定"按钮完成设置的保存。

5.7.2　随机行为

该行为可以设置多个行为，每次执行该行为时，都会随机选取其中一个。此选项中最多支持十个随机子行为，如图 5.262 所示。

图 5.262　随机行为

添加选项：可以在下方的选项列表中新增一个随机事件的选项，默认的选项只有一个。

选项属性如图 5.263 所示。

图 5.263　添加选项属性

选项名称：可以修改选项的名称。

执行概率：可以修改该选项执行的概率，可以手动输入概率，也可以拖动滑块修改概率，但是各个选项的概率总和不能超过 100%，如果超过，会有相应的提示。

删除：将当前选项移除。

在设置好行为属性面板中的选项后，逻辑轴轨道就会发生相应变化，这时只需在逻辑轴轨道中添加相应的行为并设置好行为属性即可。

5.7.3　计算

计算行为的作用是对场景中的变量进行设置，更多情况下与条件数值比较配合使用，如图 5.264 所示。

图 5.264　计算

运算结果名称：单击后会出现变量选择面板，在面板中可以选择现有变量，或者是添加新的变量，如图 5.265 所示。

图 5.265　运算结果名称

运算公式：即计算的过程公式，通常变量、常量与运算符配合使用。变量与运算符通过单击下方变量列表中的选项即可添加进公式中，常量通常使用键盘进行输入，如图 5.266 所示。

图 5.266　运算公式

也可以通过函数列表进行函数的计算，例如常用的求和函数、平均数函数、最小/最大函数，如图 5.267 所示。

图 5.267　函数计算

5.7.4　激活开关

与变量类似，激活开关必须配合条件开关使用，如图 5.268 所示。

图 5.268　激活开关

激活谁：选择需要激活的开关。单击后弹出开关列表。在列表下方是已经创建好的开关，也可以单击"创建新的开关"按钮来创建新开关。

单击开关 1 的名字，即可修改开关名，如图 5.269 所示。

图 5.269　命名修改

将鼠标移至开关上，单击右上角的 按钮即可删除开关，如图 5.270 所示。

图 5.270　开关删除

5.7.5　锁定/激活触发条件

锁定触发条件与激活触发条件是相反的两个行为。按照字面意思理解，锁定触发条件的作用是锁定场景中的对象的任意逻辑轴轨道的条件，使其不能正常触发，如图 5.271 所示；激活触发条件的作用恰好与之相反。

锁定谁：需要锁定条件的对象。

锁定条件：需要锁定的逻辑轴轨道中的条件，如图 5.272 所示。

图 5.271　锁定触发条件

图 5.272　锁定条件

在行为属性栏中选取相应的条件即可。可以看到，逻辑轴轨道中的条件都可以在这里选取。选取过后，被选取的逻辑轴轨道相应地会显示为淡蓝色，如图 5.273 所示。

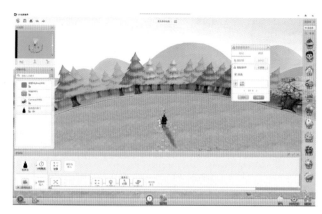

图 5.273　效果图显示

对应地，激活触发条件的设置也一样。

5.7.6　添加/删除对象

添加对象的作用是动态地在场景中添加对象，如图 5.274 所示；而删除对象则是在场景中删除不必要的对象。

选择对象：在资源库中选择需要添加的对象。添加方式与场景中新建对象一致，如图 5.275 所示。

图 5.274　"添加对象" 面板

(a)

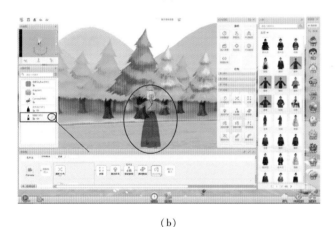

(b)

图 5.275　添加对象

通过"添加对象"面板选择的对象，在场景中默认显示为半透明，并且在对象列表右侧有独立标志。同时，通过"添加对象"面板添加的对象，其功能与正常对象无异，也可以通过时间轴或逻辑轴进行编辑功能。

删除对象的设置方式较简单，只需在场景中选择需要删除的对象即可，如图 5.276 所示。

图 5.276　删除对象

5.7.7　添加/删除特效

添加特效的作用是将特效动态地添加到场景中的对象上，如图 5.277 所示。

图 5.277　添加特效

当前对象：需要添加特效的对象。

特效：需要添加的特效，单击后，在资源库中选择相应特效，如图 5.278 所示。

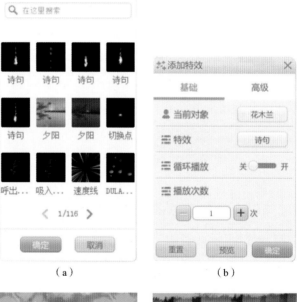

(a)　　　　　　　　(b)

(c)

(d)

图 5.278　添加特效

添加过后即可查看特效预览，并可以单击特效，通过工作轴来调整位置。

循坏播放：打开即可开启循环。

若未开启循环，则需要设置播放次数。

要删除特效，必须选择已有特效的对象，可以通过属性开关来开启或者关闭特效的显示，如图5.279所示。

图5.279 删除特效

5.7.8 绑定/解除绑定

绑定：将模型绑定在某个物件上面，成为该物件的子节点（将一个对象与另一个对象进行绑定），如图5.280所示。

图5.280 绑定

绑在哪：选择需要绑定到谁的身上。

绑什么：选择需要准备绑定的对象。

如图5.281所示，农夫需要移动到树前，而小男孩则需要跟着农夫相对移动，则农夫为"绑在哪"，小男孩为"绑什么"。

（a）

图5.281 绑在哪和绑什么

（b）

图5.281 绑在哪和绑什么（续）

永久绑定：打开此按钮可将对象永久绑定（图5.281中，小男孩将会永久绑定在农夫身上）；关闭此按钮，可设置对象绑定时间，如图5.282所示。

图5.282 永久绑定

绑多长时间：设置绑定的时长、绑定时间结束后，会自动解除绑定，如图5.283所示。

图5.283 绑定时长设置

重置：返回初始设置。

确定：完成所有设置项后，单击"确定"按钮完成设置的保存。

解除绑定：将绑定为子父级的两个物件进行解除，可以在演示的过程中解除父子级的关系，如图5.284所示。

解除谁的绑定：可以单击选择需要解除绑定父级的对象。

解除绑的东西：可以单击选择需要解除绑定子级的对象。

重置：返回初始设置。

确定：完成所有设置项后，单击"确定"按钮完成设置的保存。

图 5.284 解除绑定

5.7.9 场景切换/跟随

场景切换：在播放状态下，场景切换到指定的场景，如图 5.285 所示。

哪个场景：选择切换到哪个场景。单击后如图 5.286 所示。

图 5.285 场景切换 图 5.286 选择场景切换

使用"场景切换"前，需要先创建新场景，如图 5.287 所示。

图 5.287 创建新场景

情景举例说明：

在逻辑轴上设置触发条件，如图 5.288 所示。

图 5.288 逻辑轴

若计时触发设定为 5 s，则该逻辑轴表示播放 5 s 后进行场景切换。

原场景如图 5.289 所示。

图 5.289 原场景

5 s 后进行场景切换，如图 5.290 所示。

图 5.290 进行场景切换

加载完毕，进入切换的场景，如图 5.291 所示。

图 5.291 进入切换的场景

指定一个对象跟随在另一个对象后边，如图 5.292 所示。

当前对象：单击选择跟随对象。

图 5.292　指定跟随

图 5.293　更换外设形象

换成什么：选择需要更换的外设资源。

在哪更换：在哪触发行为，可以是任意位置，也可以是指定对象或指定区域。

- 任意位置：选择任意的位置。
- 指定对象：选择指定对象，可以设置"谁身上"。
- 指定区域：选择指定区域，可以设置"选区域"。
- 谁身上：设置指定对象。
- 选区域：设置区域位置。

永久更换：选择外设是否永久更换，如果关闭永久更换，则可以设置显示时长。

永久跟随：若为开启状态，则表示永久性地跟随着选择的对象，默认是开启的；若不需要永久性地跟随，则可以单击开关，更改为关的状态。

跟随时长：设定对象跟随的时长，可以在输入框中输入想要的时长，也可以单击 + 按钮增加时间或单击 − 按钮减少时间。

重置：返回初始设置。

确定：完成所有设置项后，单击"确定"按钮完成设置的保存。

5.7.11　重播/关闭作品

重播：可实现作品在无人操作下的循环播放的行为颗粒。无须输入参数，直接拖入即可。

关闭作品：终止作品播放的行为颗粒。无相关参数。

5.7.10　更换外设形象

将外设形象进行更换的行为颗粒，如图 5.293 所示。

第 6 章
事件的条件

※ 6.1 条件概述

在逻辑轴的事件编辑面板中打开"行为面板"，就可以在"行为面板"最上方看到一个新的分类——条件，如图6.1所示。

图6.1 逻辑轴"行为"面板

在"条件"分类栏当中，创想世界有十个基础事件编辑的条件颗粒，分别是：

碰撞触发/靠近触发（图6.2）：以对象距离其他物体的相对位置为判断依据。

图6.2 碰撞触发/靠近触发

准心悬停/目光范围（图6.3）：以对象是否处于相机中心或出现在相机视野中为准。

图6.3 准心悬停/目光范围

进入场景/计时触发（图6.4）：默认直接触发/等待一段时间后触发。

图6.4 进入场景/计时触发

开关触发/数值比较（图6.5）：以开关或设定好的变量数值为开启逻辑轴的参照。

图6.5 开关触发/数值比较

界面内容触发（图6.6）：用于制作好的界面按钮。

外设触发（图6.6）：用于检测鼠标/键盘/VR手柄的按钮输入。

图6.6 界面内容触发和外设触发

在逻辑轴的使用当中，需要经常将条件颗粒用于控制对象逻辑轴轨道的运行，而相比于时间轴的易于实现的特点，逻辑轴设置的困难之处在于各个逻辑轴轨道的条件设置上。开发者需要思考每个轴的轴体后续行为将会在项目运行后什么时候被执行，并且执行之后会影响场景中其他对象的哪些逻辑轴轨道等。

※ 6.2 默认触发

6.2.1 进入场景

如果想让用户只要进入场景，就能播放事件，可以使用触发条件中的"进入场景"行为，无须输入参数，直接单击并将其拖拉至逻辑轴上即可，如图6.7所示。

图6.7 进入场景

6.2.2 计时触发

计时触发设置进入场景后间隔多少秒会触发该事件，如图6.8和图6.9所示。

图6.8 计时触发

图 6.9 触发该事件

①循环触发：如果开启，输入时间间隔值，就代表每隔多少秒可以循环触发一次（默认是关闭的状态）。

②时间间隔：可以输入数值，也可以单击 + 按钮增加时间或单击 − 按钮减少时间，单位变化都是 1 s。

③重置：返回初始设置。

④确定：完成所有设置选项后，单击"确定"按钮完成设置的保存。

※ 6.3 物理触发

6.3.1 碰撞触发

该触发条件可以认为，两个对象资源触碰之后，触发某种行为颗粒。该触发条件仅在逻辑轴下可以使用，如图 6.10 所示。

图 6.10 碰撞触发

将该条件添加到逻辑轴上，并设置碰撞的触发条件，如图 6.11 和图 6.12 所示。

图 6.11 条件添加

图 6.12 设置碰撞触发条件

1. 谁去碰

设置去碰撞的对象。

2. 碰到谁

当前版本下"碰到谁"有两个选项，"指定对象"可以理解为单一的某个对象资源，"任意对象"可以理解为场景内所有有碰撞体积的对象资源，如图 6.13 所示。

图 6.13 碰到谁

选择指定对象，如图 6.14 所示。

图 6.14 选择对象

（1）指定谁

单击后进入选择页面，可以选择对象列表中的资源对象，也可以在场景中选择。如图 6.15 所示。

图 6.15 指定谁

（2）碰几次

设置碰几次可以触发，如图 6.16 所示。

图 6.16 碰几次

3. 碰撞效果

开启后，碰撞时能够有对应的效果体现。

综合情境举例说明：假设 A 撞到了 B，A 说"对不起"。行为颗粒的设置如图 6.17 所示。效果如图 6.18 所示。

图 6.17 行为颗粒设置

图 6.18 效果图

触发效果如图 6.19 所示。

（a）

（b）

图 6.19 触发效果

6.3.2 靠近触发

靠近触发如图 6.20 所示。

图 6.20 靠近触发

该触发条件可以认为两个对象相互靠近而触发的行为颗粒，如图 6.21 所示。

图 6.21 "靠近触发"面板

1. 靠近什么

可以设置靠近的目标，目标可以为对象或者地点，如图 6.22 所示。

图 6.22 靠近什么

2. 指定谁/指定位置

可以设置靠近的对象或者靠近的区域。

①指定谁：可以设置靠近的对象，如图 6.23 所示。

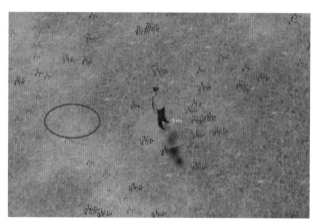

图 6.23 指定谁

②指定位置：可以设置靠近的地点，如图6.24所示。

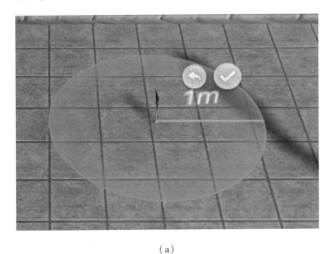

（a）

（b）

（c）

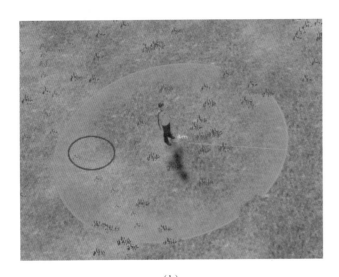

（b）

图6.24 指定位置

（d）

图6.25 有效区域（续）

3. 谁靠近

可以理解为靠近者。

4. 靠多近触发

设置两者距离多远时可以触发。

5. 有效区域

设置在什么区域内可以触发，如图6.25所示。

①小于触发距离就是在设置的距离范围之内触发。

②大于触发距离就是在设置的距离范围之外触发。

（a）

图6.25 有效区域

6. 停留时长

可以设置靠近者需要在触发区域内停靠多久才可以触发后续行为。

7. 重置

返回初始设置。

8. 确定

完成所有设置选项之后，单击"确定"按钮，完成设置的保存。

9. 情境举例说明

A靠近B两米内，B对A说"你好"。

※ 6.4 交互触发

6.4.1 准心悬停

准心悬停的意思是，当演示时，用户将准心停留在该模型上时，经过一定时间后触发事件。如果想让用户在 VR 中用准心"注视"该模型后出现某些事件，可以使用这个行为颗粒，如图 6.26 和图 6.27 所示。

图 6.26 准心悬停

图 6.27 "准心悬停/选定"面板

1. 注视时间

可以直接输入相关数值来改变时间的长短，单位为秒；也可以单击上方 ⊕ 按钮增加时间或者单击 ⊖ 按钮减少时间，单位变化都是 1 s，并且这个条件表示准心停留到触发对象所需的时间，表现上是一个持续增长的圆形进度条，用于设置用户"注视"多久后触发选项。

比如，填写的数值是 1，那么代表着用户注视 1 s 之后便会触发选定的内容。这时圆形进度条在 1 s 转完一圈。

2. 循环触发

若关闭（不循环触发），则表示当前的准心悬停只会触发一次。若是想要变为循环的模式，单击后方的 关━━开，之后可以看到状态变为 循环触发 关━━开，其默认的状态是关闭的。

3. 触发间隔

用于控制循环触发的间隔时间。

比如，设置触发时间为 3 s，把循环打开，再次触发的时间为 5 s，那么就代表用户注视这个物体不移开视线，每隔 5 s 就会有一个时长为 2 s 的圆形进度条出现。

4. 重置

重置为默认的初始状态。

5. 确定

完成所有设置选项之后，单击"确定"按钮完成设置的保存。

6.4.2 外设触发

若是用户想要用外接的设备来触发事件，可以使用外设触发行为，如图 6.28 和图 6.29 所示。

图 6.28 外设触发

图 6.29 "外设触发"面板

1. 选择外设

可以选择的外设有鼠标、键盘、HTC Vive 手柄、Oculus Touch 手柄、三星 Gear VR 眼镜和 Gear VR 5 蓝牙手柄等。

选好自己想要的外设后，单击 关━━开 按钮完成选择。

2. 在哪触发

有"任意位置""指定对象"和"指定区域"选项，如图 6.30 所示。

①任意位置：指外设触发没有限制触发的位置。

②指定对象：指外设触发在指定对象处触发。

③指定区域：指外设触发在指定区域触发。

图 6.30 在哪触发

3. 怎么触发

选择喜欢的外设来进行触发的后续事件，如图 6.31 所示。

图 6.31 怎么触发

（1）鼠标

当选择的设备为鼠标的时候，单击鼠标界面的交互操作按钮 左键单击 ，便会出现鼠标的界面，如图 6.32 所示。

图 6.32 鼠标界面

该页面有三个按钮可以设置，分别是鼠标左键、鼠标中键和鼠标右键，如图 6.33 所示。

（a） （b）

（c）

图 6.33 鼠标按键

单击图 3.34（a）中的按钮时，会弹出如图 3.34（b）所示的按键列表，选取想要的按键类型之后，单击"确定"按钮完成选择。

（a）

（b）

图 6.34 鼠标按键列表

当选择"左键单击"时，交互操作模式改变成"左键单击"，单击"保存"按钮。此时进入场景之后单击鼠标左键，便会触发该外设颗粒下的系列颗粒行为，如图 6.35 所示。

图 6.35 "左键单击"交互操作模式

（2）键盘

当选择设备为键盘时，单击键盘的交互操作按钮

（此处为键盘按钮图标），如图 6.36 所示，弹出键盘的按钮列表，如图 6.37 所示，可以在键盘按钮页面中选取想要的按键后单击该按钮完成选择。黑色的按钮为可选取的按钮，灰色的按钮不可选取。

图 6.36 键盘的交互操作模式

图 6.37 键盘的按钮列表

单击"确认"按钮保存，进入场景后，按下键盘上设置按键即可触发该"外设触发"下的系列行为颗粒。

（3）HTC Vive

当选择设备为 HTC Vive 控制手柄时，有三个按钮：圆盘键、扳机键、菜单键，如图 6.38 所示。

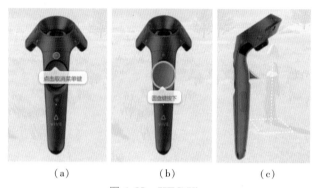

（a） （b） （c）

图 6.38 HTC Vive

以圆盘键为例。单击圆盘键时，圆盘键呈现绿色，如图 6.39 所示。

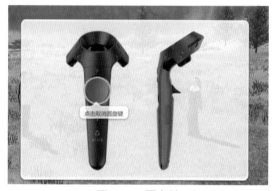

图 6.39 圆盘键

此时交互操作模式变为"圆盘键按下"，单击"保存"按钮进行保存。当进入场景之后，按下圆盘键则触发该"外设触发"下的系列行为颗粒，如图 6.40 所示。

图 6.40 "圆盘键按下"交互操作模式

（4）Oculus Touch 手柄

当选择设备为 Oculus Touch 手柄时，左、右手柄分别有五个按钮：摇杆、菜单键、按钮 X 键、按钮 Y 键、侧边扳机键，如图 6.41 所示。

（a）

（b）

图 6.42　设置触发条件

（c）

（d）

（d）

图 6.41　Oculus Touch 手柄按钮

通过单击按钮来设置外设触发条件，如图 6.42 所示。

（5）三星 Gear VR 眼镜

当选择设备为三星 Gear VR 眼镜时，眼镜上有两个可设置区域，分别为触摸板和返回按钮，如图 6.43 所示。

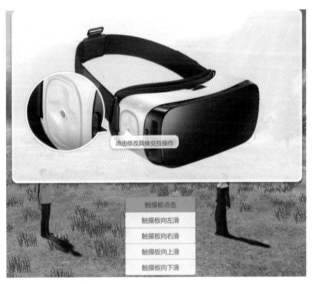
（a）

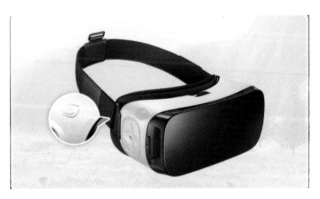
（b）

图 6.43　三星 Gear VR 眼镜

（6）Gear VR 5 蓝牙手柄

当选择 Gear VR 5 蓝牙手柄时，出现三个可设置区域：触摸板、扳机键、返回键，如图 6.44 所示。

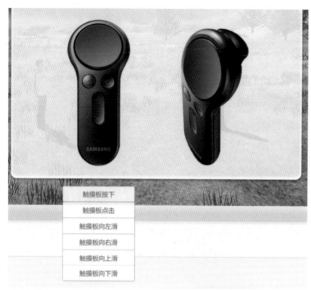

（b）

图 6.44　Gear VR 5 蓝牙手柄

4. 重置

返回初始设置。

5. 确定

完成所有设置选项之后，单击"确定"按钮完成设置的保存。

6.4.3　目光范围触发

目光范围触发：可以设置指定对象或隐形的区域进入镜头视线后触发后续行为，如图 6.45 和图 6.46所示。

图 6.45　目光范围触发

图 6.46　"目光范围触发"面板

1. 看哪触发

设置摄像头看到哪儿后触发条件。

可以设置对象、指定区域，如图 6.47 所示。

图 6.47　看哪触发

①指定对象：设置镜头看到对象之后触发条件，如图 6.48 所示。

图 6.48　指定对象

②指定区域：设置镜头看到设置的区域后触发条件，如图 6.49 所示。

图 6.49　指定区域

进入"选区域"界面之后，会出现方块，设置方块位置后保存，如图 6.50 所示。

2. 触发距离

设置目光触发的有效距离，如图 6.51 所示。

初始值为 500 m，可以使用 ➖ 按钮或者 ➕ 按钮调整，或者直接输入数值进行调整。

图 6.50 保存

图 6.51 触发距离

3. 重置

返回初始设置。

4. 确定

完成所有设置选项后,单击"确定"按钮完成设置的保存。

5. 实例展示说明

将对象设在摄像头背后,设置目光范围触发,添加对象 5 s 发光,如图 6.52 所示。

(a)

(b)

图 6.52 设置触发条件或触发效果

进入预览界面,旋转镜头,对象一进入摄像头,视野就会进入发光的状态,5 s 后消失,如图 6.53 所示。

图 6.53 效果图

注意:该触发条件只能由摄像机触发,但是条件不能绑在摄像机上,只能绑在被触发的物体上。

※ 6.5 事件触发

6.5.1 数值比较

数值比较:用来进行变量的大小比较的一个条件,如图 6.54 和图 6.55 所示。

图 6.54 数值比较

图 6.55 "数值比较"面板

1. 计算公式

该设置项分为 3 个部分,如图 6.56 所示。

图 6.56 计算公式

（1）变量设置

单击"变量"按钮，可以调出变量菜单，如图 6.57 所示。

图 6.57　变量设置

当前变量值只有 a，可以自己添加变量值，如图 6.58 所示。

图 6.58　添加变量

最后单击"确定"按钮完成变量的选择。

（需注意的是，可以选择输入数字、运算符号或变量。）

（2）运算符号设置

通过此按钮可以选择比较的运算符号，如图 6.59 和图 6.60 所示。

图 6.59　运算符号设置

图 6.60　判定条件

选择后，单击"确定"按钮完成设置。

（3）比较的变量或者常量设置

可以直接单击后方的参数处，接着会弹出选择面板，如图 6.61 所示。

图 6.61　选择面板

在面板中选择想要比较的变量，单击"确定"按钮即可。若是想要手动输入比较的常量数值，则可以直接在输入框中输入数字、运算符号或变量，然后单击"确定"按钮，如图 6.62 所示。

图 6.62　输入数值

最后选择想要的常量值，单击"确定"按钮完成比较值的设定。

2. 编辑变量

单击"编辑变量"按钮调出"设置"菜单，可以进行变量的设置，如图 6.63 和图 6.64 所示。

图 6.63　编辑变量

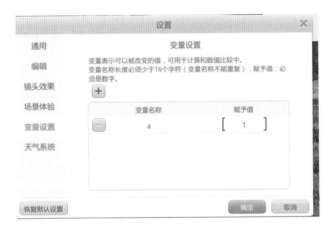

图 6.64　"设置"菜单

单击 ➕ 按钮新增变量，如图 6.65 所示。

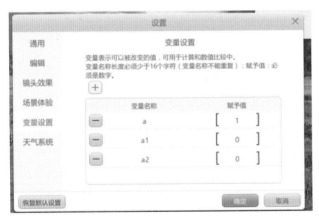

图 6.65　新增变量

若想要删除已有的变量，单击 ➖ 按钮即可。

3. 重置

返回初始的状态。

4. 确定

完成所有选项设置之后，单击"确定"按钮完成设置的保存。

6.5.2　开关触发

开关触发：表示相关开关被激活后，触发后续行为事件，如图 6.66 和图 6.67 所示。

图 6.66　开关触发

图 6.67　"开发触发"面板

哪个开关：选择激活哪个开关作为行为条件，如图 6.68 所示。

图 6.68　哪个开关

第 7 章
事件编辑深入

在前几章的内容中，介绍了关于101创想世界中的一些行为与条件，并使用了一些简单案例来描述如何使用这些基于逻辑轴的事件编辑方式。在一些大的场景中，往往会有很多更加复杂的条件逻辑需要通过使用事件编辑来实现，这些事件通常是使用简单的条件＋行为无法满足的，故而很多情况下，许多事件的触发时机需要细化成多个小的条件，并对这些小条件分别进行判断。

※ 7.1 条件的复合使用

在逻辑轴轨道中的条件栏中，除了添加单个条件颗粒进行判断外，还支持多重条件的触发。

当条件栏中已有一个条件后，再添加新的条件到条件栏中，则原条件栏中会有新的指示内容，如图7.1所示。

图7.1　条件的复合使用

除了用新条件替换原条件的编辑方式外，创想世界还在条件栏中开启了多重条件的使用。将新条件拖入条件框右侧的空窗口处，如图7.2所示。

图7.2　拖拽

在两个条件中间的是多个条件的复合方式，默认为"或"，代表两个条件只需满足其中一个，即视为这个条件栏完成触发。另一方式为"且"，代表两个条件必须同时满足，才可以认为这个条件栏完成触发。单击即可切换两个条件间的交互方式。

除此之外，多个条件间还允许添加括号，以确定条件间的先后关系，如图7.3所示。

图7.3　添加括号

7.1.1　多个条件同时成立

在前一个条件触发的情况下，第二个条件触发后，立刻执行后续行为。

需要注意的是，两个条件不能都是"单次触发"状态的条件。例如，准心悬停要求用户将准心停留在对象身上2 s，在完成停留的一瞬间，能够满足条件的触发要求，但在这之后，除非再次进行准心悬停的操作，否则将无法持续触发。同样的条件有计时触发、外设触发、开关触发、界面内容与数值比较，故而在"且"的多重条件判断中，必须要有进入场景、碰撞触发、靠近触发及目光范围触发这些持续判断条件中的一个作为多重条件的条件之一。

将对象添加到逻辑轴，并添加条件"目光范围"触发，如图7.4所示。

图7.4　目光范围触发

在条件栏中已有条件的情况下，添加一个新的条件"准心悬停"，与条件栏中已有的条件形成多重条件，如图7.5所示。

图7.5　准心悬停

将两个条件间多重条件结合方式的"或"改成"且"，如图7.6所示。

图7.6　结合方式"且"

在条件栏后续添加行为"说话泡泡"。修改文字内容为"多重条件的'且'触发"，如图7.7所示。

单击界面下方的 ▶ 按钮，将摄像机画面设置为当前镜头。

单击 🔄 按钮，进入场景播放预览。

预览画面中出现了"花木兰"，满足了第一个条件，但不会发生任何行为上的执行。由于在条件栏中的设置

图 7.7 多重条件的"且"触发

是必须目光范围与准心悬停都触发后才会执行后续行为，故而在进入场景后，除了将花木兰调整到画面视野内，还需要使用准心悬停满足条件。当然，将准心悬停替换成其他的单次触发类型的条件，都能够准确完成多重条件的判断，如图 7.8 所示。

图 7.8 效果图

7.1.2 多个条件中满足任意一个

在设置的多个条件中，只需满足任意一个条件的触发，即可开始后续行为的执行。

在花木兰的逻辑轴中添加一个轨道。添加一个条件"计时触发"，设置时间为 10 s，如图 7.9 所示。

图 7.9 计时触发

与上一节类似，添加一个新的条件"准心悬停"到条件栏中，如图 7.10 所示。

在后续的行为栏中添加"说话泡泡"，并将文字改为"多重条件的'或'触发"，如图 7.11 所示。

图 7.10 准心悬停

图 7.11 多重条件的"或"触发

单击"预览"按钮 ，查看播放效果，如图 7.12 所示。

图 7.12 效果图

在这里的设置中，由于两个条件为"或"关系，故而只需用户执行了"准心悬停"的动作即可。即使不执行"准心悬停"动作，进入场景 10 s 后，也能够满足这个"或"多重条件的执行条件，从而执行后续的行为内容。

7.1.3 多重条件间的优先判断

在添加了三个以上的条件后，事情就开始变得复杂起来了。三个条件是按顺序依次进行判断的，如图 7.13 所示。

在这个设置中，在"靠近触发"与"目光范围"触发两个条件同时执行后，或者只需用户通过"准心悬停"的操作，就能够满足多重条件，从而引发后续行为的使用。

图 7.13　按顺序进行判断

单击"括号"按钮，鼠标指针会切换为左括号的标志，"目光范围"前放置左括号，在"准心悬停"后放置右括号，如图7.14所示。

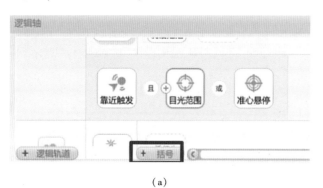

（a）

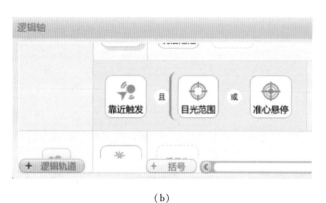

（b）

（c）

图 7.14　放置括号

在这种情况下，三个条件的复合状态就变成了优先判断括号之内的内容了。

在满足"靠近触发"的情况下，目光范围条件或者准心悬停有任意一个条件触发了，即可开始后续行为的执行。

7.1.4　前置条件的设置

由于条件的复合状态"且"的执行有一定的限制，故而在某些特定情况下，现有的条件复合方式有一定的局限性。例如，"计时触发"与"准心悬停"是无法通过多重条件状态"且"的完成共同触发并执行的。因为两个条件都是"单次执行"，故而较难使用"且"的方式将两个条件的触发状态连接到一起。

本节将介绍一个新的条件复合方式——前置条件。在条件的判断中，程序无视后续条件，只观察前置条件的情况，一旦前置条件被触发，进而观察后续条件的触发情况。

在空的逻辑轴轨道中添加条件"准心悬停"与"目光范围"。将鼠标移至"准心悬停"颗粒上，如图7.15所示。

图 7.15　添加前置条件

在已有的条件颗粒前出现了加号按钮 ⊕，单击此按钮即可添加一个前置条件栏，如图7.16所示。

图 7.16　前置条件栏

将"计时触发"添加到前置条件栏中，并设置时间为 10 s，如图7.17所示。

图 7.17　计时触发

在这种情况下，在前置条件"计时触发"触发前，场景将无视后续条件的触发情况。

一旦前置条件"计时触发"被触发，程序将标记前置条件状态为触发，从而检测后续条件的触发状态。也就是说，一旦"单次触发"类型的条件在此被设置为前置条件，那么该条件被激活后，则一直被视为是持续激活的状态。后续条件可重复触发。

※ 7.2 条件的锁定与激活

条件的锁定与激活可以让对象逻辑轴的条件与其他行为产生复合作用。

条件的锁定可以将选定的逻辑轴条件栏锁定，使其在场景中无法触发，限定了条件的触发情况。而条件的激活恰好能够在特定的情况下激活这些条件，使其能够开始正常"工作"。在条件的锁定/激活的帮助下，可以根据项目运行的进度与人物间的交互来设置场景中任意事件的触发条件。

打开新场景，新增对象"运动衣男模型"，并将其添加至逻辑轴对象，如图 7.18 所示。

图 7.18 新增对象

在对象逻辑轴上添加条件"准心悬停"、行为"说话泡泡"，并设置其"说话泡泡"的内容，如图 7.19 所示。

图 7.19 添加"准心悬停"和"说话泡泡"

在逻辑轴中的摄像机轨道中，添加默认条件"进入场景"和"锁定触发"，如图 7.20 所示。

图 7.20 添加默认条件

设置"锁定触发"条件的对象为"运动衣男模型"，并选定锁定条件为"准心悬停"，如图 7.21 所示。

图 7.21 准心悬停

在摄像机逻辑轴中新增轨道，添加条件"计时触发"，设置"计时触发"事件间隔为 10 s，如图 7.22 所示。

图 7.22 "计时触发"事件间隔设置

添加行为"激活触发条件"，设置行为属性与"锁定触发"条件一致，如图 7.23 所示。

图 7.23 "激活触发条件"面板

单击"播放"按钮进入场景预览。

由于男主角的逻辑轴条件被默认锁定，在进入场景后，使用画面中心红点对准"运动衣男模型"，则不会有准心悬停的动画产生。

当时间过了10 s后，再次将准心对准它，"准心悬停"开始恢复工作。

※ 7.3　数值的使用

数值变量的作用是在场景中记录数字数据。数字的使用方法与开关的类似，但有更多的扩展项。

开关的使用，支持在逻辑轴轨道中的任意地方激活其他逻辑轴轨道的执行条件。数值也可以做到这一点，并且可以做到更多。数值支持记录场景中某个事件的数量。

案例：使用数值创建倒计时效果

打开场景的"设置"窗口，选择"变量设置"。添加新的变量并重命名为"倒计时"，设置其初始值为20 s，如图7.24所示。

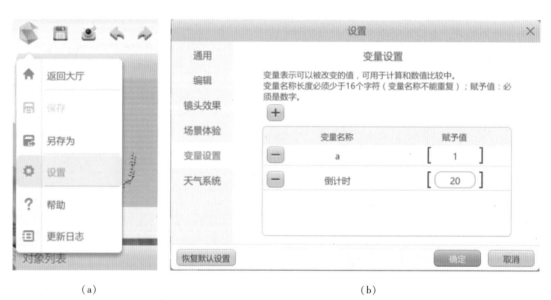

（a）　　　　　　　　　　　　　（b）

图7.24　变量设置

在摄像机的逻辑轴中，添加条件"计时触发"，并设置时间为1 s，开启"循环触发"，如图7.25所示。

图7.25　计时触发

添加行为"计算"，并设置等式：倒计时 = 倒计时 – 1，如图7.26所示。

图7.26　计算

那么，在每次执行该行为时，都会将倒计时的值减去1。

在第一次执行后，倒计时的值从20变为19，第二次执行后，从19变为18，下一次执行后，从18变为17，依此递减。

最后，添加"眼前文字"，将倒计时的数值显示出来。

新增逻辑轴轨道，添加行为"眼前文字"，在出现的文本编辑框中输入"#"，画面中出现变量列表，如图7.27所示。

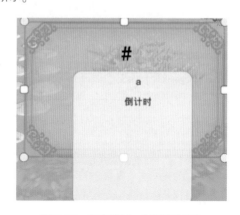

图7.27　添加行为"眼前文字"

在列表中选择变量"倒计时"，如图 7.28 所示。需注意的是，选择过后，"#倒计时"后需要有个空格符号。

图 7.28 选择变量

若需要显示文字，在"#倒计时"前后添加文字即可，如图 7.29 所示。

图 7.29 添加文字

单击左侧条件栏中的三角按钮，即可预览此行为的播放效果，如图 7.30 所示。

图 7.30 预览行为

新增逻辑轴，添加条件"数值比较"，并设置属性为"倒计时 <1"，如图 7.31 所示。

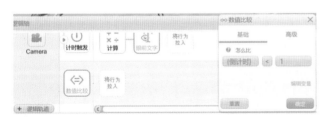

图 7.31 添加条件

在倒计时的数值到达 0，或者小于 0 之后，需要停止倒计时的显示。

添加"锁定触发"条件，并将上一行逻辑轴轨道锁定，如图 7.32 所示。

添加"眼前文字"，以增加文本说明，如图 7.33 所示。

最后，单击"播放"按钮 ，即可查看场景中的倒计时效果。

图 7.32 锁定触发条件

图 7.33 添加文字

※ 7.4 开关的使用

逻辑轴中的开关相关行为与条件可以将多个逻辑轴轨道连接到一起。

开关的使用包含行为"激活开关"与条件"开关触发"，在设置一个开关之后，场景中必须要有一个"激活开关"来对应条件栏中的"开关触发"。当行为栏执行到"激活开关"后，所有条件为"开关触发"并且设置了同一个开关的逻辑轴轨道都将被立刻执行。

案例：

在场景中添加场景道具红绿灯及红灯、绿灯（用于表示信号灯状态），如图 7.34 所示。

图 7.34 添加道具

注意，对象列表中的红绿灯，其子物体是红灯与绿灯，并在场景中调整至模型相应的红灯、绿灯的位置，如图7.35所示。

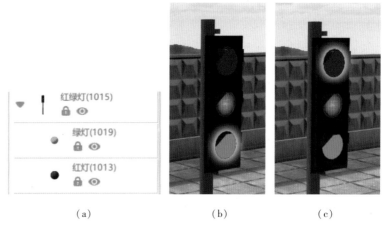

（a）　　　（b）　　　（c）

图7.35　调整位置

切换信号灯状态时，只需通过对象列表中的 ◉ 按钮或行为颗粒中的"隐身"与"解除隐身"来表示。

将红绿灯添加到逻辑轴轨道中，在逻辑轴轨道中添加并列行为"隐身""解除隐身"，并分别设置两个行为的操作对象为"红灯"和"绿灯"，如图7.36所示。

图7.36　设置"红灯"和"绿灯"

添加一个新的逻辑轨道。冉次添加"隐身"与"解除隐身"，并以相反的方式设置"绿灯"和"红灯"，如图7.37所示。

图7.37　设置"绿灯"和"红灯"

添加条件"开关触发"，并添加两个新开关，分别命名为"红灯"和"绿灯"，如图7.38所示。

在行为栏中的"绿灯解除隐身"和"红灯隐身"的逻辑

图7.38　添加条件

轨道前添加触发对象为"绿灯"的"开关触发"条件。

与上一操作相反，添加开关对象为"红灯"的条件到另一逻辑轴轨道上，如图7.39所示。

图7.39　添加"开关触发"条件

在第一行的逻辑轴轨道的"解除隐身"后方添加行为"时间推迟"，并设置时间为5 s。

另一时间轴也类似，如图7.40所示。

图7.40　添加"时间推迟"行为

在摄像机的逻辑轴轨道中添加条件"进入场景"与行为"激活开关"，开关可选择任意一个，如图7.41所示。

图 7.41 选择开关

在"时间推迟"后方添加行为"激活开关",如图 7.42 所示。

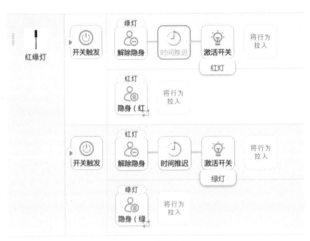

图 7.42 激活开关

在进入场景后,红绿灯会以 5 s 的间隔分别亮起,并且在一个灯亮起的同时,另一个灯会相应隐藏,如图 7.43 所示。

(a)

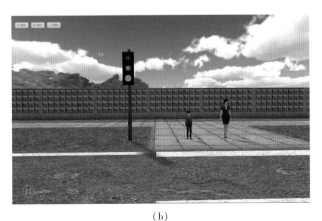

(b)

图 7.43 效果图

※ 7.5 案例实践

7.5.1 马的循环运动

新建场景,添加对象"马"并新增至逻辑轴对象,如图 7.44 所示。

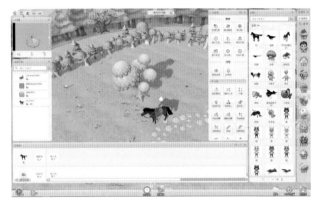

图 7.44 添加对象

在马的逻辑轴轨道中添加行为"移动",并绘制路径令其绕树转圈,如图 7.45 所示。

图 7.45 移动设置

新增逻辑轴轨道,添加行为"计时触发",并设置时间间隔为 3 s,如图 7.46 所示。

图 7.46 "计时触发"设置

在计时触发后添加行为"激活开关"，如图 7.47 所示。

图 7.47　添加行为

设置开关选项，创建一个新的开关，并选择默认名为"开关 1"的开关，如图 7.48 所示。

图 7.48　添加开关并设置

在前一个逻辑轴轨道中添加条件"开关触发"，并设置开关为开关 1，如图 7.49 所示。

图 7.49　条件设置

单击"播放"按钮预览场景。进入场景后，等待 3 s 后马进行奔跑转圈。在走完设置好的路线后停止。

在这里，通过使用"激活开关"与"开关触发"将两个逻辑轴的运行轨迹连接到了一起，也就是默认进入场景后，通过计时触发执行"激活开关"，然后"激活开关"又迅速连接到了上一行逻辑轴轨道，紧接着执行"移动"行为，如图 7.50 所示。

接下来，只需将设置好的行为"激活开关"复制并粘贴到"移动"行为后方，有趣的事情出现了。在上方的执行轨迹基础上，"移动"过后接着执行"激活开关"，而"激活开关"恰好连接到了这一行逻辑轴轨道的起始条件，接下来又将执行"移动"，这样就产生了一个循环事件，如图 7.51 所示。

图 7.50　执行顺序

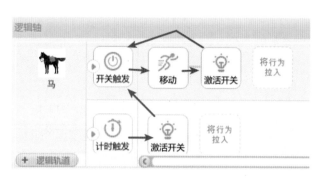

图 7.51　产生循环

单击"播放"按钮进行预览，发现马在 3 s 过后开启奔跑转圈，在跑完第一圈以后没有停下，而是马上开始了第二圈的奔跑，紧接着就是第三圈、第四圈、第五圈……

7.5.2　记录马的圈数

数值变量的作用是在场景中记录数字数据。数字与开关的使用方法类似，但有更多的扩展项。例如，在上一节的案例中，开关用于控制马的奔跑行为的初始运行与循环执行。

开关的使用支持在逻辑轴轨迹中的任意地方激活其他逻辑轴轨道的执行条件。数值也可以做到这一点，并且可以做到更多。数值支持记录场景中某个事件的数量。

案例：打开上一节的案例，使用数值为马的循环移动添加记圈的功能。

在马的轨道中，在"激活开关"后添加"计算"行为，如图 7.52 所示。

图 7.52　添加"计算"行为

单击行为"计算"，在行为属性面板中新增一个数值，并重命名为"圈数"，初始值设置为0，如图7.53和图7.54所示。

图7.53　添加变量

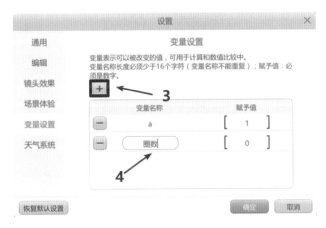

图7.54　设置新变量

设置"计算"行为中的等式为圈数 = 圈数 + 1，如图7.55所示。

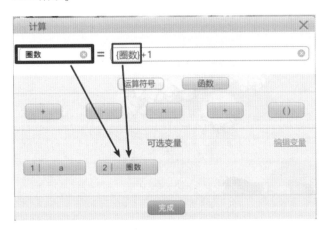

图7.55　设置等式

在每次执行此行为时，数值计算会读取"圈数"这个变量原来的值，加上1以后再赋值给"圈数"。执行一次该行为之后，变量"圈数"都会在原来数量的基础上加1。

很显然，在马第一次跑完路径后，圈数的值会从0变成1。

在第二圈跑完之后，圈数的值从1变成2。

第三圈跑完之后，圈数就变成了3。

……

这样就完成了记录马跑的圈数的功能。

7.5.3　将圈数显示在屏幕上

仅仅是这样还不够，因为变量在场景中是虚拟的一组数据，用户是无法直接感受到它的变化的。接下来将它显示出来。

通过行为"眼前文字"能够将变量的值显示在屏幕上。

新增逻辑轴轨道，添加行为"眼前文字"，在出现的文本编辑框中输入"#"，画面中出现提示，如图7.56所示。

图7.56　变量列表

在列表中选择变量"圈数"，如图7.57所示。需注意的是，选择过后，"#圈数"后需要有个空格符号。

图7.57　显示变量

若需要显示文字，在"#圈数"外添加文字即可，如图7.58所示。

图7.58　设置文本

单击左侧条件栏中的"预览"按钮即可预览此行为的播放效果，如图7.59和图7.60所示。

图 7.59　预览按钮

图 7.60　预览效果

最后添加条件，以确定"眼前文字"能够正常执行。

添加条件"开关触发"，并设置开关为"开关1"，确保在奔跑后能够执行此行为栏，如图7.61所示。

图 7.61　设置条件

由于马在第一次奔跑时也激活了"开关1"，在这种情况下，马刚开始跑的时候也会激活"眼前文字"的显示，故而需要使用前置条件配合条件"数值比较"来增加一个限制条件。

将条件"数值比较"拖入条件栏中，先放置在原条件后方形成二重条件，如图7.62所示。

图 7.62　多重条件

单击"开关触发"前的⊕按钮，添加前置条件栏，如图7.63和图7.64所示。

将"数值比较"拖入前置条件栏中，形成"数值比较"→"开关触发"的前置条件复合使用，如图7.65所示。

图 7.63　设置前置条件

图 7.64　前置条件栏

图 7.65　前置条件设置完成

最后，调整"数值比较"的属性比较式，如图7.66所示。

图 7.66　"数值比较"设置

要求在圈数大于0，也就是圈数从0变成1的那一刻起，前置条件生效，进而判断后续的条件，并且一旦前置条件生效，后续条件可多次执行。

7.5.4　停止循环，重启循环

此时，马的循环奔跑是在程序运行后不间断执行的，并且有变量"圈数"可以记录奔跑的次数。使用数量与条件的锁定来设定马在跑了五圈之后停下做些事情。

添加新的逻辑轴轨道，添加条件"数值比较"，并设置数值比较的属性。由于需要在走完第五圈后停下，故而这里"数值比较"需要判断的内容为"圈数">4，如图7.67所示。

添加行为"锁定触发"，并设置对象为"马"，锁定条件为控制马移动的逻辑轴条件。在选定条件后，逻辑轴中相应被选中锁定的轨道将会显示为蓝色，如图7.68所示。

图 7.67　数值比较设置

图 7.68　锁定条件

马在跑了五圈之后，将会停止移动。此时被锁定的逻辑轴轨道栏中的所有条件与行为将被视为不可用。

若需要重新开启，须激活该逻辑轴轨道的条件，并使用"开关触发"重新触发条件。

添加"说话泡泡"至"锁定触发"的后方，编辑文字，如图 7.69 所示。

图 7.69　文本设置

设置"休息 5 s"的行为，添加"时间推迟"，并设置推迟时长为 5 s，如图 7.70 所示。

马开始重新跑步，需要在重新起跑前添加一个起跑动作。

添加"做动作"，并设置动作为"起跑"，如图 7.71所示。

图 7.70　时间推迟

（a）　　　　　　　　（b）

图 7.71　设置"做动作"

（a）动作设置；（b）行为属性

接下来就需要马接着开始跑步了。添加"激活触发"条件，设置内容与之前的一致，如图 7.72 所示。

图 7.72　添加"激活触发"条件

此时，虽然控制马跑步的逻辑轴轨道栏已经恢复为可用状态，但还需要一个新的激发条件。添加"激活开关"，并设置开关为"开关 1"，如图 7.73 所示。

图 7.73　激活开关

单击"播放"按钮 ，即可查看预览效果，如图7.74 所示。

图7.74　行为预览

第 8 章
案例编辑——《过故人庄》

※ 8.1　案例分析与分镜头设置

主体是以古诗《过故人庄》为原型进行创作的一个古风场景。此诗是唐代诗人孟浩然创作的，写的是诗人应邀到一位农村老朋友家做客的经过，在纯朴自然的田园风光中，主客举杯饮酒，闲谈家常，充满了乐趣，抒发诗人和朋友之间真挚的友情。

将整个场景分成五个小场景，每个场景的分镜头关键帧如下。

第一幕：入场

进入场景，播放背景音乐，诗人走向小院，院门有老友迎接，两人相视作揖。镜头跟随着孟浩然的步伐向前推进，几秒之后，画面中出现"过故人庄　孟浩然"的字样，并且同时播放朗读声。

第二幕：步入场景——第一句

接着上一个场景，两人走向小屋，画面中再次出现"故人具鸡黍，邀我至田家"的字样，并且播放朗读声，在播放至"邀我至田家"的时候，镜头移到屋内的场景，屋内有一张方桌，桌上布满酒菜，旁边正有一位妇人端菜走过来。

第三幕：转换场景——第二句

切换场景至室外，镜头可以360°环绕观赏场景，同时画面中出现"绿树村边合，青山郭外斜"的文字，并且播放朗读声。

第四幕：转回场景——第三句

画面切换至屋内，孟浩然及好友站在窗前，孟浩然推开窗户，看到窗外的乡村景色，播放"开轩面场圃"的文字及朗读声，两人回到方桌并且坐下，相互敬酒，播放"把酒话桑麻"的文字及朗读声。

第五幕：转换场景——第四句

切换场景到屋外。两人相互作揖，孟浩然离开。画面显示"待到重阳日，还来就菊花"的文字及朗读声。

※ 8.2　场景入场设置

添加搜索内容，选择"乡村场景"作为本次任务的基础地形，如图8.1所示。

添加搜索内容，选择"孟浩然"和"农夫"模型，并添加到场景中，如图8.2所示。

选中孟浩然，右击，弹出快捷菜单，单击"属性"，选择"添加为逻辑轴对象"，如图8.3所示。

在逻辑行为面板中选中"进入场景"和"移动"，添加到逻辑轴中。选中"移动"，在移动属性面板中设置移动路径，并且绘制路径到农夫身边，如图8.4所示。

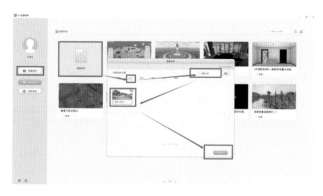

图8.1　创建场景

图8.2　添加人物

图8.3　选择"添加为逻辑轴对象"

图8.4　设置移动路径

在逻辑行为面板中选中"靠近触发""转向目标"，添加到农夫的逻辑轴中。当前对象选中"农夫"，"转向目标"在属性面板中设置对象到孟浩然，如图8.5所示。

图 8.5 逻辑轴编辑

在逻辑行为面板中选中"做动作",添加到农夫的逻辑轴当中,动作选中"迎客",并且添加移动作为后续动作,路径设置到房门。同时,添加一个移动动作作为农夫的并列动作,对象设置为孟浩然,如图 8.6 和图 8.7 所示。

图 8.6 行为编辑

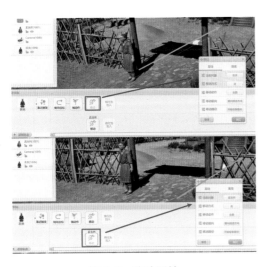

图 8.7 移动属性

在逻辑行为面板中选中"转向目标",添加到孟浩然的逻辑轴中,目标设置为农夫,添加"时间推迟"和"做动作",分别设置为 3 s 和 1 次,如图 8.8 和图 8.9 所示。

图 8.8 添加到孟浩然的逻辑轴中

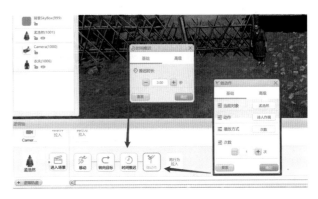

图 8.9 做动作属性

单击上方的"预览"按钮,查看设置的效果,制作好的逻辑轴如图 8.10 和图 8.11 所示。

图 8.10 农夫的逻辑轴

图 8.11 孟浩然的逻辑轴

选中摄像机的逻辑轴,为其中添加"进入场景"条件和"移动"动作,并且设置动作路径到房门前,调整路径点到半空中,并且过程中会穿过前门,如图 8.12 所示。

图 8.12　摄像机移动

在摄像机的逻辑轴中新增逻辑轴，添加"进入场景"与"发出声音"。在发出声音动作中设置好相应属性，如图 8.13 所示。

（a）

（b）

图 8.13　背景音设置

在新的逻辑轴中添加"计时触发"及"添加对象"行为。在"添加对象"行为中单击"高级"按钮，进行设置，如图 8.14 所示。并且将选中的新对象放置到摄像机前方。

图 8.14　标题设置

将新对象添加到逻辑轴中，添加"进入场景"和"绑定"选项，将新的对象绑定到摄像机上，如图 8.15 所示。

图 8.15　绑定

在"添加对象"行为同步的地方添加"发出声音"行为，并且选中资源库中相应的音频文件，如图 8.16 所示。

图 8.16　发出声音

《过故人庄》第一幕场景——标题部分的内容已经完成了，可以单击界面上方的"预览"按钮，查看目前为止做好的内容有没有不合理的地方，并且进行调整。

※ 8.3　第一句诗

在诗句的内容中，将使用"眼前文字"行为来展示界面中的诗句字体。在逻辑轴中添加一个"眼前文字"行为，单击"眼前文字"行为，画面中出现几个新的框体。

文字编辑框：用于输入文字与预览文字效果，如图8.17 所示。

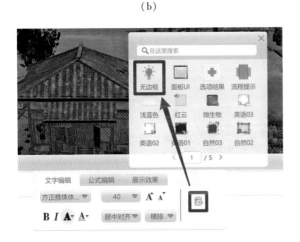

（a）

（b）

（c）

图 8.17　眼前行为

选中编辑框，拖动到画面底部中心位置，并且设置"展示效果"中的时间为 4 s。

添加"发出声音"行为到逻辑轴中，并且与"眼前文字"同步执行。在属性面板中，设置声音，从资源库中搜索"过故人庄"，找到第一句诗的朗读配音，关闭循环播放，设置播放次数为 1 次，如图 8.18 所示。

图 8.18　诗句声音

在资源库中分别找到桌椅、鸡汤和窗户，摆放到场景中，如图 8.19 和图 8.20 所示。

图 8.19　添加桌椅

图 8.20　桌椅位置

添加"添加对象"行为并放置在"移动"之后，在资源库中查找"农妇"，设置好农妇的位置。添加"隐身"行为到逻辑轴中，放置在"移动"后，以便使两位主角在走到房门前的时候隐身，使镜头注意力集中到屋内，如图 8.21～图 8.23 所示。

图 8.21　添加对象

图 8.22　农妇位置

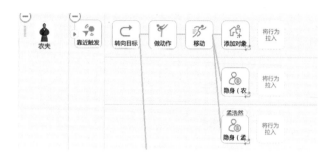

图 8.23　行为位置

在主角移动到屋子门口后，需要有妇人出现在屋内，端菜上桌，并且这之后的内容中，前面的"孟浩然"与"农夫"对象就可以不再需要了，所以使对象隐身。但是需要注意的一点是，在对象隐身之后，对象的逻辑轴上的内容就不会被触发了，所以接下来的内容就不能放置在原来的农夫对象身上了。将农妇添加到逻辑轴中。

由于诗句"邀我至田家"需要在接下来的逻辑轴中显示，所以需要把相应的行为设置到新的逻辑轴上。在这里，使用"数值比较"与"计算"将后续内容转接到新的轴体上。

将"计算"添加到"移动"命令之后，单击"设置"按钮，添加新的变量，并且设置其名称为"第一句"，如图 8.24 和图 8.25 所示。

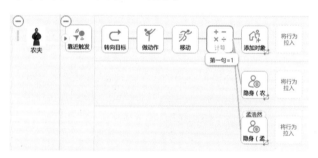

图 8.24　行为设置

图 8.25　添加变量

选中农妇的逻辑轴轨道，并且添加条件"数值比较"到条件栏中，设置其语句为"第一句 = 1"，如图 8.26 所示。

将之前"故人具鸡黍"的眼前文字复制粘贴到"数值比较"后，添加"发出声音"，设置好播放内容为"邀我至田家"的朗读声，如图 8.27 和图 8.28 所示。

添加"移动"行为放置到"数值比较"之后，设置好地点，如图 8.29 和图 8.30 所示。

图 8.26　设置"数值比较"

图 8.27　文本设置

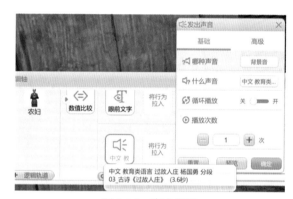

图 8.28　声音设置

图 8.29　"移动"设置

图 8.30　地点设置

在"移动"之后添加"做动作",设置动作为端菜,如图 8.31 所示。

图 8.31 做动作设置

单击"预览"按钮查看效果。

※ 8.4 第二句诗

《过故人庄》的第二句"绿树村边合,青山郭外斜",是描绘周边村庄景色的,所以要将摄像机设置到屋外。在之前农妇的动作轴中的"做动作"后添加行为"计算",添加新变量并且改名为 poem2,设置 poem2 = 1。同时,在"计算"后添加"隐身",将自身隐藏。

在场景中的稻田中添加一个稻草人,并且添加到逻辑轴对象,添加条件"数值比较",设置 poem2 = 1。如图 8.32 ~ 图 8.34 所示。

图 8.32 场景设置

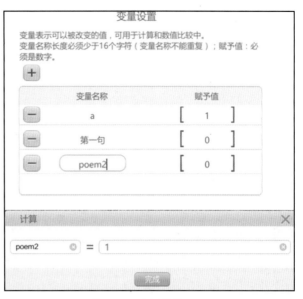

图 8.33 变量设置（1）

图 8.34 变量设置（2）

在稻草人的逻辑轴上添加"画面切换",并且设置摄像机的位置到稻草人上方,如图 8.35 和图 8.36 所示。

图 8.35 添加"画面切换"

图 8.36 镜头位置设置

在稻草人的逻辑轴上添加"自转",使摄像机在切换视角后,能够自主转动视野观察周围景色。设置属性,自转速度为25°/s,自转时间为10 s,如图8.37和图8.38所示。

图 8.37　镜头选择

图 8.38　设置镜头自转速度

为场景中添加第二句诗的文字及图片,复制之前的眼前文字"故人具鸡黍"到稻草人的逻辑轴,修改文字为"绿树村边合"。添加"发出声音",从资源库找到第三句诗的朗读声。重复上面两个步骤,完成第四句"青山郭外斜"的文字及音频显示。如图8.39和图8.40所示。

图 8.39　声音设置

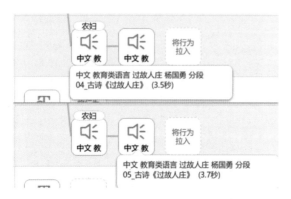

图 8.40　声音选择

※ 8.5　第三句诗

在稻草人的逻辑轴后添加两个"添加对象",分别在资源库中选取"孟浩然"和"农夫"添加到场景,让农夫移动到屋内的窗前,如图8.41~图8.43所示。

图 8.41　添加对象

图 8.42　行为属性

图 8.43　农夫位置

在"添加对象"后，添加"画面切换"行为，将对象设置为屋内的随意物体，以便定位摄像机物体，如图8.44所示。

图 8.44　画面切换

图 8.45　摄像机位置设置

然后设置摄像机的位置，使摄像机能够直接观察到窗户，如图 8.45 所示。

在镜头切换回场景之后，需要让孟浩然走到窗前，然后做推窗的动作，同时，也要播放窗户打开的动作，依次设置行为到"画面切换"后，如图 8.46 和图 8.47 所示。

图 8.46　后续动作

图 8.47　动作内容

孟浩然推窗过后，添加两个"移动"，同时执行，让孟浩然与农夫一起走向桌前，并且分别添加"隐身"，将他们隐藏，如图 8.48 和图 8.49 所示。

图 8.48　移动与隐藏

图 8.49　移动路径

在隐藏农夫与孟浩然之后，再分别添加"添加对象"，再次添加两个新的对象到场景中，并且设置好他们坐到桌子前。在这里，确认好添加的对象模型是否有

"坐着喝酒"的动作,如图8.50~图8.52所示。

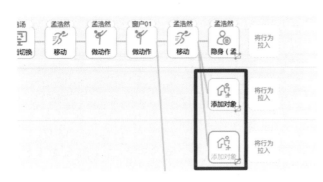

图8.50 添加对象

图8.51 设置位置

图8.52 设置动作

将两个对象添加到场景中之后,分别为他们加上"做动作"行为,设置为端酒杯相互敬酒,如图8.53和图8.54所示。

图8.53 敬酒动作

图8.54 行为内容

在动作内容都完成之后,需要为场景添加文字和朗读声。文字部分从之前的内容中复制,添加到当前的逻辑轴中,修改文字即可;发出声音的部分直接添加,并且从资源库中选取相应的内容即可,如图8.55~图8.57所示。

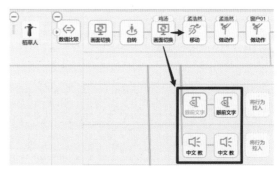

图8.55 字幕与声音行为设置

图8.56 字幕设置

图8.57 声音设置

※ 8.6 第四句诗

需要将镜头切换至室外，所以只需在外部添加两个对象，把摄像机调整到其身上并且设置好位置即可。

先为场景添加两个主人公，在这之前需要添加一个时间延迟效果，如图 8.58 ~ 图 8.60 所示。

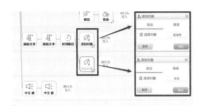

图 8.58 添加新对象

图 8.59 延迟时间

图 8.60 设置位置

最后将农夫添加到逻辑轴中，添加"进入场景"条件，并且添加两个"做动作"，使两位主人公相对抱拳致意，如图 8.61 ~ 图 8.63 所示。

图 8.61 行为设置

图 8.62 设置动作

图 8.63 动作属性

设置"移动"动作，让孟浩然离开这个地点，向远处离去，设置好路径，如图 8.64 和图 8.65 所示。

图 8.64 移动设置

图 8.65 移动路径

人物动作完成之后，需要添加文字及朗读声效果，如图 8.66 ~ 图 8.68 所示。

图 8.66　字幕与声音

待到重阳日　　还来就菊花

图 8.67　字幕设置

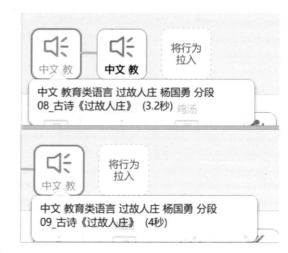

图 8.68　声音设置

第9章
案例编辑——昆虫花园

※ 9.1　场景导入

打开 101 创想世界，单击"我要创作"，选择"自然"标签，找到"生物进化论光照环"场景，如图 9.1 所示。

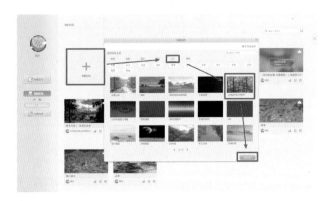

图 9.1　创建场景

打开场景，单击右侧资源列表中的"场景"选项，在其中搜索"微观世界"，找到"微观世界"场景，双击添加至该场景中，之后会弹出一个窗口，单击"确定"按钮，等待场景的导入，如图 9.2 所示。

图 9.2　更换场景

效果如图 9.3 所示。

图 9.3　场景效果

在资源列表中搜索"苹果花"，将其添加到场景中，如图 9.4 所示。

图 9.4　添加苹果花

按照如上设置，再次添加苹果花与水葫芦，如图 9.5 和图 9.6 所示。

图 9.5　添加水葫芦

图 9.6　添加第二支苹果花

进入场景之后，需要有螳螂、蚂蚁、蝴蝶在场景中移动，还需要背景音乐介绍引入主题。

在资源库中找到螳螂和蝴蝶，并分别放置在场景中，如图9.7所示。

（a）

（a）

（b）

图9.7 添加蝴蝶和螳螂

找到蚂蚁之后，拖两只蚂蚁放到场景中，并且并列放置，进行3倍缩放。

前面的蚂蚁重命名为"蚂蚁带头"，后面的蚂蚁重命名为"蚂蚁小弟"，如图9.8所示。

（b）

图9.9 添加至逻辑轴

图9.8 添加蚂蚁

选择新添加的两个螳螂对象，分别右击，在快捷菜单中找到"属性"，在"属性"里选择"添加为逻辑轴对象"，如图9.9所示。

完成进入场景之后，设置当摄像机扫到了螳螂之后，螳螂能够移动到画面中心的效果。

在右侧螳螂的逻辑轴的条件栏内添加"目光范围触发"，而后分别添加"移动"行为，并且设置好移动的路径，如图9.10所示。

图9.10 逻辑轴设置

选择左侧螳螂的逻辑轴条件栏，进行同样的编辑。不同的是，这里需要添加一个"时间延迟"行为，如图9.11所示。

选择名称为"蚂蚁带头"的蚂蚁，右击，在快捷菜单中选择"属性"→"添加为逻辑轴对象"，在其逻辑轴的条件栏中添加"数值比较"，并且设置编辑变量，如图9.12所示。

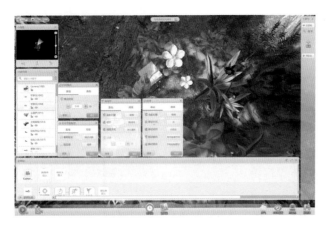

图 9.11　螳螂的逻辑轴设置

（a）

（b）

图 9.12　蚂蚁的逻辑轴设置

分别设置行为"移动""数值计算""数值计算"，在设置移动的路径时，将移动的路径设置为一个圆形闭

环跟随，如图 9.13 所示。

图 9.13　蚂蚁的逻辑轴设置

然后将蝴蝶添加为逻辑轴物体，编辑其逻辑轴。由于接下来编辑的几个行为容易发生冲突，故而在场景中额外添加任一物体，重命名为"蝴蝶旋转"，并且设置为蝴蝶的父对象，如图 9.14 所示。

（a）

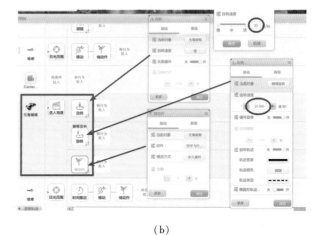

（b）

图 9.14　"蝴蝶旋转"逻辑轴设置

※ 9.2 初始场景设置

在逻辑轴中选择摄像机的逻辑轴，依次添加"进入场景""发出声音""眼前文字"行为，声音选择资源库中的"森林馆"，文字则需要根据效果来设置颜色、字体和背景等，如图9.15所示。

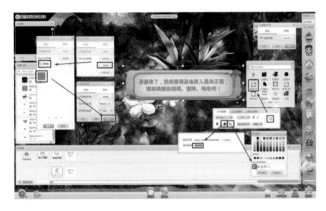

图 9.15 "眼前文字"设置

在资源库中找到"开始"按钮，添加到场景中，并摆放到苹果花的上方，如图9.16所示。设置"开始"按钮的大小，如图9.17所示。

图 9.16 "开始"按钮设置

将"开始"按钮添加到逻辑轴，并添加"进入场景"和"隐身"行为，如图9.18所示。

在摄像机的逻辑轴"眼前文字"后添加"解除隐身""发出声音""对象变形"行为，分别设置这些行为的操作对象与属性，如图9.19所示。

单击"开始"按钮的逻辑轴轨道，选择页面下方的

图 9.17 缩小"开始"按钮

图 9.18 设置隐身

图 9.19 按钮的显示设置

"添加逻辑轨道"按钮 ➕ 逻辑轨道 ，编辑新的逻辑轨道。添加"准心悬停""隐身""时间推迟""移动""发出声音"行为，如图9.20所示。

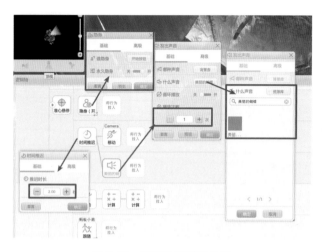

图 9.20　按钮的逻辑轴设置

　　在编辑"移动"行为之前，需要确定摄像机的位置，即摄像机在进入场景那一刻的初始位置，如图 9.21 和图 9.22 所示。将界面视图调整到如图 9.21 所示界面，单击界面下方的 按钮，将摄像机跳帧到当前画面位置，观察右侧摄像机预览视图是否与图一致。

图 9.21　摄像机初始位置设置

图 9.22　摄像机移动位置设置

　　打开资源库，搜索蝴蝶，并且选择三个蝴蝶添加到场景的边界处。在"开始"按钮的逻辑轴中添加"移动"行为，把移动对象设置为蝴蝶，设置其移动路径，如图 9.23 和图 9.24 所示。

图 9.23　蝴蝶初始位置设置

图 9.24　蝴蝶移动位置设置

　　按照同样的方式处理其他两个蝴蝶，但是路径终点不需要设置在苹果花上。在最终停在花上的蝴蝶的"移动"行为后方添加"做动作"行为，如图 9.25 和图 9.26 所示。

图 9.25　其他蝴蝶移动位置设置

图 9.26　蝴蝶动作

　　按照同样的方法添加蜻蜓模型、设置移动行为、设置路径并调整，如图 9.27 所示。

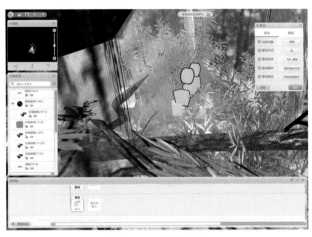

图 9.27　蜻蜓设置

※ 9.3　观察昆虫

将场景中最终移动到苹果花上方的蝴蝶添加到逻辑轴（为了与其他物体区分开，重命名此蝴蝶为"蝴蝶1"、苹果花重命名为"苹果花 da"），使用数值的方式控制本逻辑轴在"开始"按钮被激活后执行。在"数值设置"面板添加三个新的变量并重命名，如图 9.28 所示。

（a）

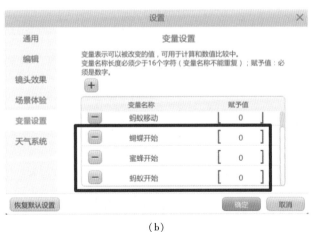

（b）

图 9.28　添加至逻辑轴（a）和变量设置（b）

编辑逻辑轴，添加"准心悬停""时间推迟""数值计算""停止发光""绑定""发出声音"行为，如图 9.29

所示。

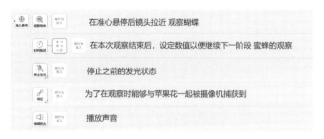

图 9.29　逻辑轴设置

打开观察物体，弹出"观察物体"窗口，设置观察物体，"观察模式"为环绕观察，"过渡动画"为镜头拉近，"背景模糊"打开，"改变距离"打开，如图 9.30 所示。

图 9.30　行为属性

设置"计算"和"时间推迟"，如图 9.31 和图 9.32 所示。

图 9.31　"计算"设置

图 9.32　"时间推迟"设置

设置"停止发光",打开"永久停止",如图9.33所示。

图9.33　"停止发光"设置

设置"绑定","绑在哪"为无毒蝴蝶1,"绑什么"为苹果花da,打开"永久绑定",如图9.34所示。

图9.34　"绑定"设置

设置"发出声音","什么声音"为蝴蝶的头部发出声音,如图9.35所示。

图9.35　"发出声音"设置

编辑逻辑轴,添加"数值比较""箭头引导""激活触发"行为并进行相应设置。新增逻辑轴轨道,添加"进入场景"和"锁定触发"行为。在"开始"按钮的逻辑轴后方添加相应的数值计算,表达式与之前的数值比较一致,如图9.36~图9.38所示。

图9.36　逻辑轴设置

图9.37　计算行为的位置

图9.38　计算的行为属性

设置"数值比较"和"对象发光","无毒蝴蝶1"的"永久发光"打开,如图9.39所示。

(a)

(b)

图9.39　数值比较和对象发光

设置"箭头指引","箭头形状"为箭头01,如图9.40所示。

图9.40　箭头引导

设置"激活触发条件","激活条件"为准心悬停,如图9.41所示。

图 9.41 激活触发条件

设置"锁定触发条件","锁定条件"为准心悬停,如图 9.42 所示。

图 9.42 锁定触发条件

接下来设置蜜蜂的观察动画。首先需要添加蜜蜂的模型。在资源库中搜索"蜜蜂",添加两个蜜蜂模型到场景中的小苹果花上,按 Ctrl + G 组合键,弹出三维坐标面板,设置其大小为 1.5 倍缩放。调整好位置后,将蜜蜂分别命名为蜜蜂 1、蜜蜂 2,并且设置蜜蜂 2 为蜜蜂 1 的子物体,如图 9.43 所示。

图 9.43 添加蜜蜂

将两只蜜蜂分别添加为逻辑轴物体,并且设置一个

新变量"蜜蜂采蜜",添加"数值计算""做动作""数值比较"行为到两个逻辑轴上,如图 9.44 ~ 图 9.46 所示。

图 9.44 做动作

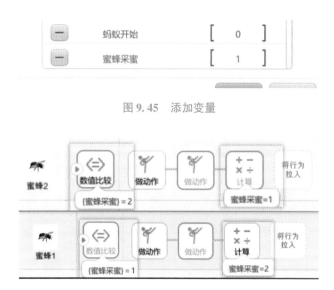

图 9.45 添加变量

图 9.46 蜜蜂的循环动作

在蜜蜂 2 上添加三个逻辑轴轨道,按照类似前文"设置蝴蝶的近距离观察"方式一样的方法,设置蜜蜂的近距离观察内容,如图 9.47 所示。

图 9.47 蜜蜂 2 的逻辑轴设置 1

然后默认禁用"准心悬停"及"数值计算"判断,如图 9.48 所示。

在设置蚂蚁的近距离观察之前,需要添加蚂蚁的模

图 9.48　蜜蜂 2 的逻辑轴设置 2

型到场景中。在资源库中搜索"苹果""蚂蚁",并且添加到场景中蜜蜂旁的地面。设置蚂蚁面朝苹果,并且放大倍数为 2,如图 9.49 和图 9.50 所示。

图 9.49　添加苹果

图 9.50　添加蚂蚁

将蚂蚁分别改名为蚂蚁 1、蚂蚁 2,并且添加到逻辑轴,设置父子级关系,设置条件及行为,确保蚂蚁能够在进入场景后,不停地播放进食的动作,如图 9.51 和图 9.52 所示。

图 9.51　父子级设置

图 9.52　蚂蚁的循环动作

在蚂蚁 2 的逻辑轴上新增逻辑轴轨道,与上一步类似,完成蚂蚁的近距离观察效果,制作准心悬停内容,如图 9.53 所示。

图 9.53　蚂蚁 2 的逻辑轴设置 1

在蚂蚁 2 的逻辑轴上新增逻辑轴轨道。完成蚂蚁的近距离观察效果,制作禁用及触发准心悬停内容,如图 9.54 所示。

图 9.54　蚂蚁 2 的逻辑轴设置 2

※ 9.4　知识回顾

本章内容分为三个部分,每个部分的完成方式与行为颗粒排布类似,皆是在设定好三张内容提示图片在进入场景后默认隐藏的情况下,当条件满足(播放完前一部分动画时)后,显示图片、播放音效、隐藏图片,如图 9.55 所示。

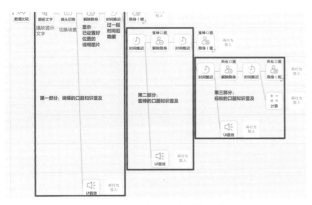

图 9.58　隐藏图片

图 9.55　知识回顾设置预览

在资源库中找到"蝴蝶口器""蜜蜂口器""蚂蚁口器"，将其添加到场景中，并且使用 Ctrl + G 组合键将三维坐标面板设置好，使其紧贴并按顺序排列在一起。位置需要远离主场景，建议放置在高空，如图 9.56 所示。

※ 9.5　知识普及

1. 蝴蝶

将"相机位置"添加到场景中，添加行为条件；完成第一部分"蝴蝶"的口器知识普及内容、添加条件及文字提示，如图 9.59 所示。

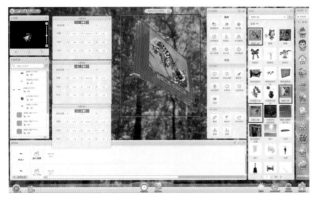

图 9.56　添加图片

在资源库中选择任意一个道具添加到场景中，重命名为"相机位置"，并且放置在三张图片的正前方，如图 9.57 所示。

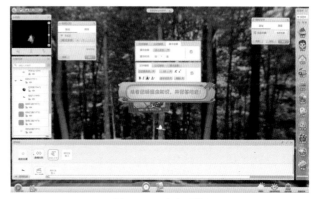

图 9.59　文本设置

添加转场效果及后续，如图 9.60 所示。

图 9.57　设置相机位置坐标

将三个口器图片分别添加到逻辑轴物体。添加"进入场景"条件与"隐身"行为，如图 9.58 所示。

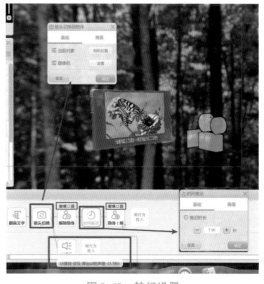

图 9.60　转场设置

2. 蜜蜂

将上一部分的几个关键行为颗粒复制粘贴到图 9.61 所示位置，并且修改其隐身与显示行为的对象。

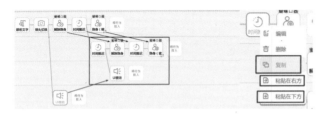

图 9.61 蜜蜂

3. 蚂蚁

将上一部分的几个关键行为颗粒复制粘贴到图 9.62 所示位置，并且修改其隐身与显示行为的对象。在这一步，需要添加一个"数值计算"行为。

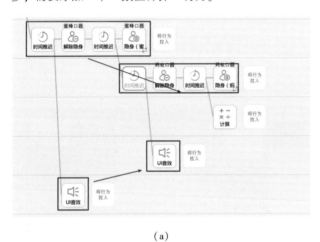

（a）

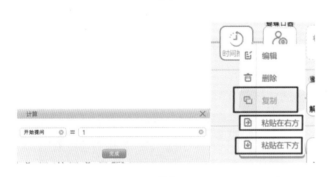

（b）

图 9.62 蚂蚁

※ 9.6 知识提问

在场景中随意添加一个道具，作为最后一部分。提出问题的主体对象，使用三维坐标工具设置其位置到三张口器图片的后方，如图 9.63 所示。

添加到逻辑轴，设置"数值比较"条件与"提出问题"行为，如图 9.64 所示。

图 9.63 提问位置

图 9.64 设置提问

在"提出问题"行为中的答案行为栏后方添加相应后续行为。

答案"虹吸式口器"的答案是正确的，故而添加正确的文字与音效提示，如图 9.65 所示。

（a）

（b）

图 9.65 答案设置

在"提出问题"行为中的答案行为栏后方添加相应后续行为。

答案"嚼吸式口器"的答案是错误的，故而相反。

在这个逻辑轴的提出问题后方添加一个"数值计算"行为，在数值栏中选择新建一个数值为"开始提问 2"，如图 9.66 所示。

图 9.66 新建数值

与上一步的做法一样，新建一个逻辑轴轨道，添加条件与行为，完成第二个问题的提问内容（可以直接复制粘贴到新的逻辑轴轨道当中，再适当修改内容即可），如图9.67所示。

图9.67 提问2设置

修改答案1的后续行为，如图9.68（a）所示。
修改答案2的后续行为，如图9.68（b）所示。

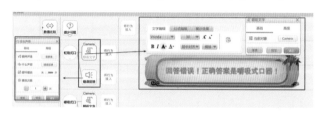

（a）

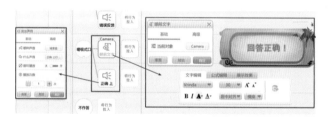

（b）

图9.68 修改答案的后续行为

在第二个提出问题的行为后方添加一个"数值计算"，并且新建数值"学习结束"，如图9.69所示。

图9.69 "学习结束"变量

新建一个逻辑轴轨道，添加"数值比较"行为，设置其值为"学习结束=2"，添加眼前文字，设置文字及背景图的样式，如图9.70所示。

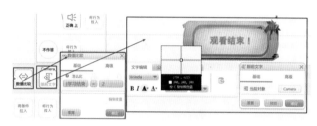

图9.70 结束文本

设置后续的关闭作品延迟时间，如图9.71所示。

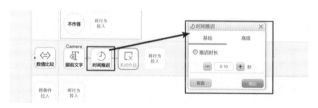

图9.71 结束作品